**配网带电作业系列图册**

An atlas of live working on distribution network

U0269818

## Operating skills of common items

# 常用项目操作技能

EPTC 带电作业专家工作委员会

广州南方电安科技有限公司　组编

中国水利水电出版社

www.waterpub.com.cn

·北京·

# 内 容 提 要

本书是《配网带电作业系列图册》中的一本，主要介绍了常用带电作业项目的操作技能，内容包括带电断（接）引流线、带电更换元件和设备、带电组立电杆、带电直线杆改耐张（开关）杆等。本书利用线描图简单、准确的特点描述作业场景、作业人员操作动作、所用工器具的使用状态等，并附文字表述，实现多形式、多方位、多视角的作业现场场景再现，兼具知识性、直观性和趣味性。

本书可作为现场带电作业人员的培训用书，也可供相关专业从业人员参考。

## 图书在版编目（ＣＩＰ）数据

配网带电作业系列图册. 常用项目操作技能 / EPTC
带电作业专家工作委员会，广州南方电安科技有限公司组
编. -- 北京：中国水利水电出版社，2019.8
ISBN 978-7-5170-7842-5

Ⅰ. ①配… Ⅱ. ①E… ②广… Ⅲ. ①配电系统－带电
作业－图集 Ⅳ. ①TM727-64

中国版本图书馆CIP数据核字(2019)第155999号

| | | |
|---|---|---|
| 书　　名 | 配网带电作业系列图册<br>**常用项目操作技能**<br>CHANGYONG XIANGMU CAOZUO JINENG | |
| 作　　者 | EPTC 带电作业专家工作委员会<br>广州南方电安科技有限公司 | 组编 |
| 出版发行 | 中国水利水电出版社<br>（北京市海淀区玉渊潭南路 1 号 D 座　100038）<br>网址：www. waterpub. com. cn<br>E - mail：sales@waterpub. com. cn<br>电话：(010) 68367658（营销中心） | |
| 经　　售 | 北京科水图书销售中心（零售）<br>电话：(010) 88383994、63202643、68545874<br>全国各地新华书店和相关出版物销售网点 | |
| 排　　版 | 中国水利水电出版社微机排版中心 | |
| 印　　刷 | 北京瑞斯通印务发展有限公司 | |
| 规　　格 | 184mm×260mm　16 开本　5.75 印张　140 千字 | |
| 版　　次 | 2019 年 8 月第 1 版　2019 年 8 月第 1 次印刷 | |
| 印　　数 | 0001—1600 册 | |
| 定　　价 | **68.00 元** | |

凡购买我社图书，如有缺页、倒页、脱页的，本社营销中心负责调换
**版权所有·侵权必究**

# 《配网带电作业系列图册》编委会

主　　任：郭海云

成　　员：高天宝　杨晓翔　蒋建平　牛　林

　　　　　曾国忠　孙　飞　郑和平　高永强

　　　　　李占奎　陈德俊　张　勇　周春丽

# 《常用项目操作技能》编写组

主　　编：高天宝　邵镇康

副主编：陈德俊　刘智勇　姚沛全　罗林欢

成　　员：张志锋　郑和平　李占奎　胡　民

　　　　　蒋建平　高永强　杨晓翔　林俐利

　　　　　卢鹏锋　刘增浩　陈　强　张　杰

　　　　　狄美华　刘杰明　孙建民　曾国忠

　　　　　林忠喜　江东游　张细达　邱进南

　　　　　李孔召　张秀丽

# 前　言

随着社会经济发展及电力客户对供电可靠性要求的不断提高，电网企业已把带电作业的定位由"电力设备检修的不可或缺的手段"，提升为"电力设备运行及检修工作的重要组成部分"，尤其是对于 10kV 电网。

带电作业作为一种现场应用技术，不仅要依托科学理论来指导，更要通过现场作业人员的行为、动作去实现。基于标准化、规范化形成娴熟的现场操作技术、行为能力，是保证带电作业安全、实现作业目的的关键所在。

理论知识源于学习，操作技能依靠培训。造就一名合格的现场带电作业人员，现场培训是必不可少的。然而，对于每一名带电作业人员而言，实训不能从零认知开始，实训的场地、时空也是有限的。如何在现场实训之前对操作的要点、规范的行为获得感性的认知，借助什么样的教材去让作业人员进一步理解、固化现场培训之后的操作要领和技艺，并让规范的操作形成职业习惯——这是带电作业领域一直重视的问题。

EPTC 带电作业专家工作委员会的专家们对解决上述问题的重要性、迫切性形成共识。在 2016 年度工作会议上做出了编写带电作业系列图册、录制视频教学片的决定并成立了编委会，随后将其正式列入工作计划。

在 EPTC 带电作业专家工作委员会和广州南方电安科技有限公司的共同努力下，已完成《配网带电作业系列图册》中《常用项目操作技能》的出版工作。该系列的《登高与吊装作业技能》《安全防护与遮蔽操作技能》《配电线路旁路作业操作技能》《检测技能》《工器具操作技能》《车辆操作技能》也将相继出版。

在本分册的编写过程中，我们追求知识性、直观性、趣味性的统一，力求达到文字、工程语言（设备、工具状态）、肢体语言（操作者的动作）的完美结合。在具体创作形式上，利用线描图简单、准确的特点描述作业场景，包括作业中涉及的设备、金具、材料的形态及变化情况；对于作业人员的操作动作、所用工器具的使用状态等附文字表述，给读者提供多形式、多方位、多视角的作业现场场景再现。在后续出版的其他分册中，我们还试图利用漫画生动、夸张的特点表现作业中的危险点和应禁止的不规范动作，使其在读者内心产生震撼，起到警示作用；还会采用部分现场照片，以增添作业现场的气氛。

由于首次采用线描图方式，书中难免出现对重要作业环节、关键描述不足，绘画笔画要素运用不当等情况。希望广大同行及读者多提宝贵建议，以便我们在陆续出版的系列分册中改进和完善。

最后，希望广大一线员工把该书作为带电作业的工具书、示范书，切实增强安全意识，不断规范作业行为，确保高效地完成各项工作任务，为电网科学发展做出新的更大贡献。

EPTC 带电作业专家工作委员会

2019 年 7 月

# 目　录

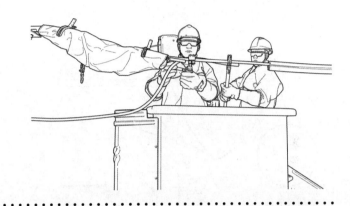

# 第1章

# 带电断（接）引流线

## 1.1 绝缘杆作业法（登杆作业）带电断熔断器上引线

**设备装置**

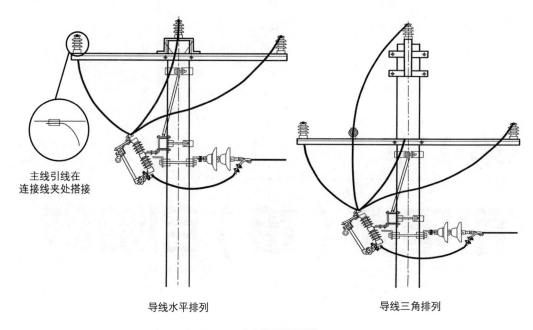

主线引线在
连接线夹处搭接

导线水平排列

导线三角排列

分支线路熔断器

**主要工器具**

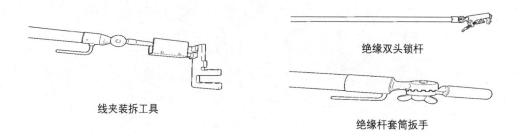

线夹装拆工具

绝缘双头锁杆

绝缘杆套筒扳手

# 技能点

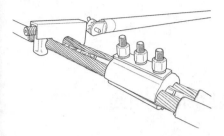

图1 绝缘双头锁杆固定引线和导线

**进入带电作业区域，设置绝缘遮蔽（隔离）措施。**

对不满足安全距离要求或可能导致接地或短路的设备，使用绝缘工具进行绝缘遮蔽。

危险点：

· 人体与带电体之间的安全距离不足，导致触电。

注：作业人员穿戴的绝缘防护用具为辅助绝缘，登杆作业中应保持足够的安全距离。

· 工器具、材料掉落，造成人员伤害。

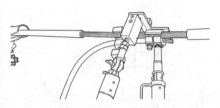

图2 拆除并沟线夹

**断开熔断器上引线。**

· 将导线及引线连接部位用绝缘双头锁杆固定，并用线夹装拆工具固定线夹。

· 使用绝缘杆套筒扳手拧松线夹螺栓，再用线夹装拆工具拆除线夹。

· 使用绝缘双头锁杆将引线迅速脱离主导线，并固定在同相引线上。

注：三相引线拆除顺序按照先两边相，再中间相进行。

图3 使引线脱离主导线

危险点：

· 人体与带电体之间的安全距离不足，遮蔽不严，导致触电。

· 工器具、材料等掉落，砸伤地面人员。

· 主导线和引线未可靠固定，或取下引线时晃动幅度大，引线摆动造成设备接地或短路。

**拆除绝缘遮蔽（隔离）用具，人员撤离带电区域。**

## 1.2 绝缘杆作业法（登杆作业）带电接熔断器上引线

**设备装置**

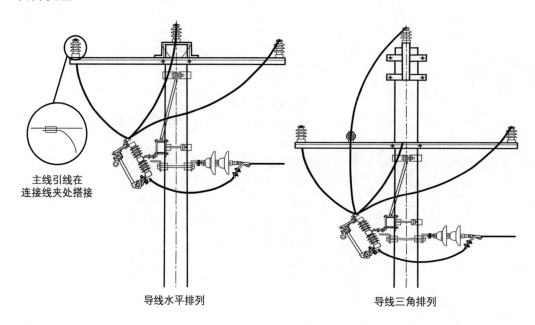

主线引线在
连接线夹处搭接

导线水平排列

导线三角排列

分支线路熔断器

**主要工器具**

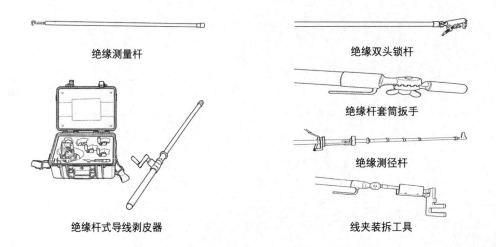

绝缘测量杆

绝缘双头锁杆

绝缘杆套筒扳手

绝缘测径杆

绝缘杆式导线剥皮器

线夹装拆工具

# 技能点

图 1 测量引线长度

图 2 测量线径

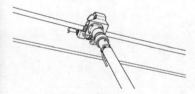

图 3 剥除导线外皮

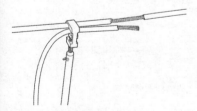

图 4 固定引线和主导线

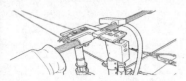

图 5 安装并沟线夹

**进入带电作业区域，设置绝缘遮蔽（隔离）措施。**

对不满足安全距离要求或可能导致接地或短路的设备，使用绝缘工具进行绝缘遮蔽。

危险点：
• 人体与带电体之间的安全距离不足、遮蔽不严，导致触电。
• 工器具、材料掉落，造成人员伤害。

**测量主导线线径及引线长度，去除主导线搭接点绝缘层。**

• 使用绝缘测径杆测量主导线线径，使用绝缘测量杆测量上引线长度。
• 使用绝缘杆式导线剥皮器去除主导线搭接点绝缘层。

危险点：
• 作业过程中操作不当，导致工器具掉落，砸伤地面工作人员。
• 人体与带电体之间的安全距离不足，遮蔽不严，导致触电。
• 操作过程中动作幅度过大，导致导线晃动，引起相间短路。
• 剥皮器选择、使用不当导致导线线芯损伤或断股。

**搭接熔断器上引线。**

• 用电动扳手将处理完成的引线安装于熔断器上桩头。
• 使用绝缘双头锁杆将上引线临时固定在主导线搭接点。
• 使用线夹装拆工具安装并沟线夹，并用绝缘杆套筒扳手拧紧线夹螺栓。
注：三相引线搭接顺序按照先中相，再两边相进行。

危险点：
• 作业过程中操作不当，工器具、材料掉落，砸伤地面工作人员。
• 人体与带电体之间的安全距离不足，遮蔽不严，导致触电。
• 安装作业过程动作幅度过大，导致导线晃动，引起相间短路。
• 安装线夹时紧固力不足，导致运行后发热或运行过程中引线掉落。

**拆除绝缘遮蔽（隔离）用具，人员撤离带电区域。**

# 1.3 绝缘杆作业法（登杆作业）带电断分支线路引线

## 设备装置

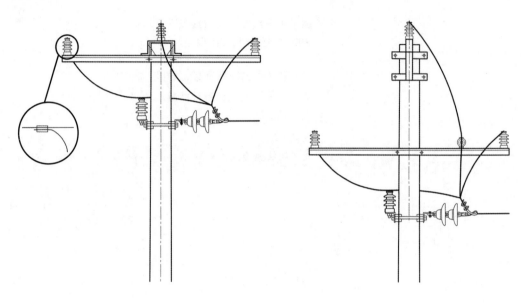

分支杆

## 主要工器具

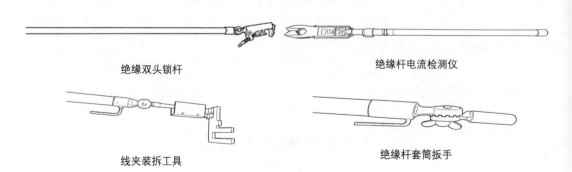

绝缘双头锁杆

绝缘杆电流检测仪

线夹装拆工具

绝缘杆套筒扳手

# 技能点

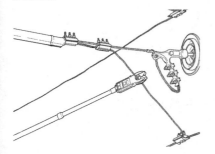

图 1　检测分支线电流

**检测支线后端空载电流。**

使用绝缘杆电流检测仪分别检测三相分支线电流，确认线路空载。

危险点：
· 分支线路未空载，带负荷断引线，导致弧光放电。

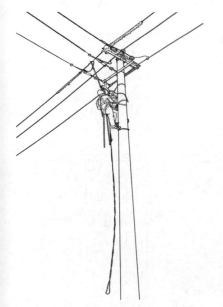

图 2　使用双头锁杆固定引线和主导线

**进入带电作业区域，设置绝缘遮蔽（隔离）措施。**

对不满足安全距离要求或可能导致接地或短路的设备，使用绝缘工具进行绝缘遮蔽。

危险点：
· 作业过程中人体与带电体之间的安全距离不足，遮蔽不严，导致触电。
· 作业过程中操作不当，工器具、材料掉落地面，造成人员伤害。

**断分支线引线。**

· 使用绝缘双头锁杆固定主导线及引线，避免线夹拆除后引线突然掉落，使用线夹装拆工具固定线夹。
· 使用绝缘杆套筒扳手拧松螺栓，使用线夹装拆工具拆除线夹。
· 使用绝缘双头锁杆将引线迅速脱离导线，并可靠固定于同相引线上，防止引线摆动。

注：三相引线拆除顺序按照先两边相，再中间相进行。

危险点：
· 人体与未断开的分支线的安全距离不足，引起人体触电。或已断开的分支线感应电伤人。
· 操作失误，导致引线或线夹掉落。
· 引线摆动触及异电位构件，导致设备接地或短路。

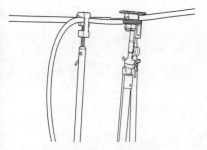

图 3　使用线夹装拆工具固定线夹

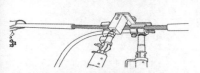

图 4　使用绝缘杆套筒扳手拧松螺栓

图 5　使用绝缘双头锁杆将引线迅速脱离导线

**拆除绝缘遮蔽（隔离）用具，人员撤离带电区域。**

# 1.4 绝缘杆作业法（登杆作业）带电接分支线路引线

**设备装置**

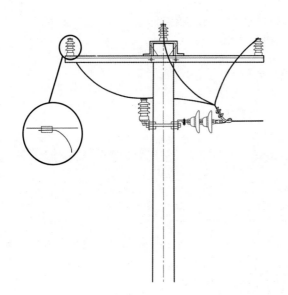
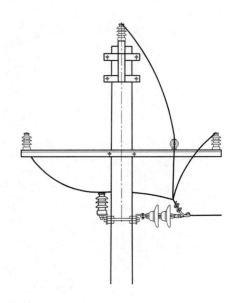

分支杆

**主要工器具**

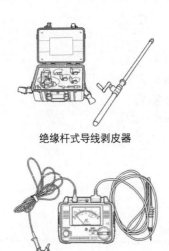

绝缘杆式导线剥皮器

兆欧表（5000V）

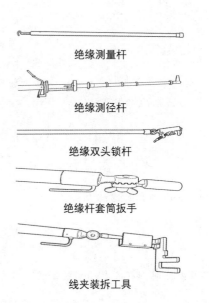

绝缘测量杆

绝缘测径杆

绝缘双头锁杆

绝缘杆套筒扳手

线夹装拆工具

## 技能点

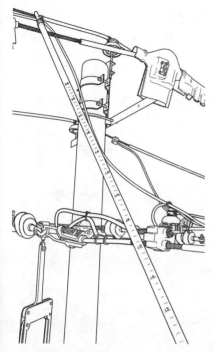

图 1　测量上引线长度

**测量分支线绝缘电阻。**

使用兆欧表对三相分支线分别测试相对地绝缘电阻，电阻值不得低于 500MΩ。

危险点：
- 线路绝缘性能不良导致支线线路接地。
- 分支线路未空载，带负荷接引线，导致弧光放电。

**进入带电作业区域，设置绝缘遮蔽（隔离）措施。**

对不满足安全距离要求或可能导致接地或短路的设备，使用绝缘工具进行绝缘遮蔽。

危险点：
- 作业过程中人体与带电体之间的安全距离不足，遮蔽不严，导致触电。
- 作业过程中操作不当，工器具、材料掉落地面，造成人员伤害。

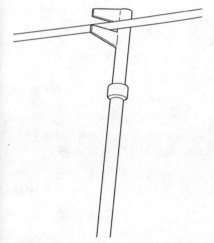

图 2　测量线径

**测量主导线线径及引线长度，去除主导线搭接点绝缘层。**

- 使用绝缘测径杆和绝缘测量杆分别测量主导线线径及上引线长度。
- 使用绝缘杆式导线剥皮器去除主导线搭接点绝缘层。

危险点：
- 作业过程中操作不当，工器具、材料掉落，伤及地面人员。
- 作业过程中人体与带电体之间的安全距离不足，遮蔽不严，导致触电。
- 去除导线绝缘层时动作幅度过大，导致导线晃动，引起相间短路。
- 剥皮器选择、使用不当导致导线线芯损伤或断股。

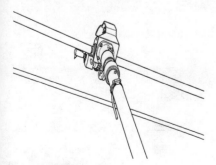

图 3　剥除导线外皮

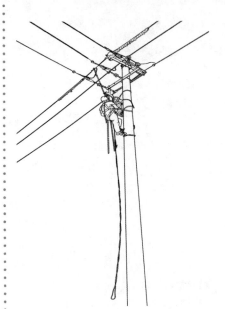

图 4　固定引线和主导线

**搭接分支线路引线。**

· 使用绝缘双头锁杆将处理完成的分支线引线提升并临时固定在主导线搭接点。
· 使用线夹装拆工具将并沟线夹套入主导线与引线。
· 使用绝缘杆套筒扳手拧紧线夹螺栓。

注：三相引线搭接顺序按照先中间相，后两边相进行。

危险点：
· 作业过程中操作不当，工器具、材料掉落，伤及地面人员。
· 作业过程中人体与带电体之间的安全距离不足，遮蔽不严，导致触电。一相导线接通后，其余未接通的分支线感应电伤人。
· 安装作业过程动作幅度过大，导致导线晃动，引起相间短路。
· 线夹安装时紧固力不足，导致运行后发热或运行过程中引线掉落。

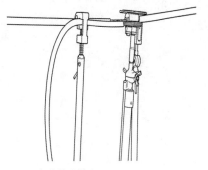

图 5　安装并沟线夹

**拆除绝缘遮蔽（隔离）用具，人员撤离带电区域。**

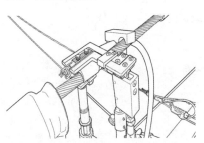

图 6　拧紧线夹螺栓

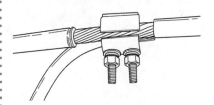

图 7　线夹安装完成

## 1.5 绝缘手套作业法（绝缘斗臂车作业）带电断熔断器上引线

**设备装置**

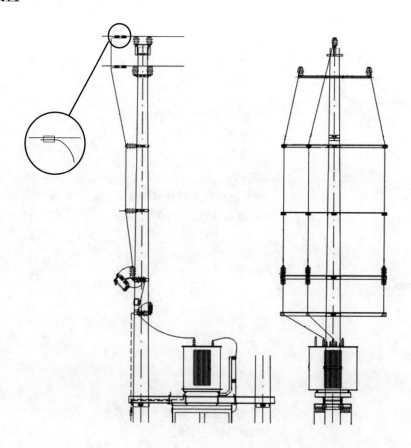

变台杆跌落式熔断器（分支线路熔断器）

**主要工器具**

绝缘双头锁杆

## 技能点

图1 使用绝缘双头锁杆拆除引线

**进入带电作业区域，设置绝缘遮蔽（隔离）措施。**

对作业范围内的带电体和接地体进行绝缘遮蔽。

危险点：
• 作业过程中人体与带电体之间的安全距离不足、遮蔽不严，导致触电。
• 作业过程中操作不当，工器具、材料掉落，伤及地面人员。

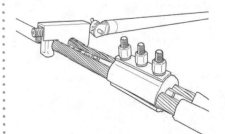

图2 使用绝缘双头锁杆固定引线及主导线

**断开熔断器上引线。**

• 使用绝缘双头锁杆将引线固定在主导线上。
• 使用套筒扳手拧松螺栓，拆除线夹。
• 使用绝缘双头锁杆将引线迅速脱离导线并固定于同相引线上，防止引线摆动。

注：三相引线拆除顺序按照先两边相，再中间相或先易后难的顺序进行。

危险点：
• 作业过程中人体与带电体之间的安全距离不足、遮蔽不严，导致触电。
• 操作失误导致引线或线夹掉落，引发线路接地或短路。
• 引线摆动幅度过大导致接地或短路。

图3 使用套筒扳手拧松螺栓

**拆除绝缘遮蔽（隔离）用具，人员撤离带电区域。**

# 1.6 绝缘手套作业法（绝缘斗臂车作业）带电接熔断器上引线

**设备装置**

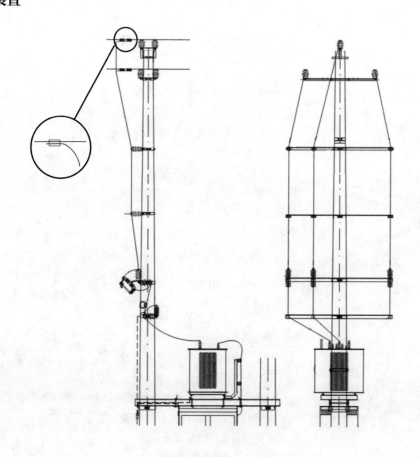

变台杆跌落式熔断器（分支线路熔断器）

**主要工器具**

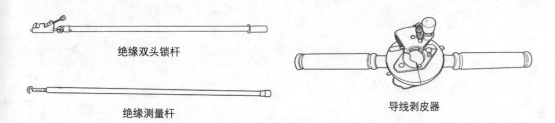

绝缘双头锁杆

绝缘测量杆

导线剥皮器

## 技能点

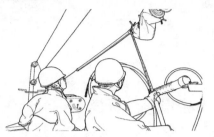

图 1　测量引线长度

**进入带电作业区域，设置绝缘遮蔽（隔离）措施。**

对作业范围内的带电体和接地体进行绝缘遮蔽。

危险点：
- 作业过程中人体与带电体之间的安全距离不足、遮蔽不严，导致触电。
- 作业过程中操作不当，工器具、材料掉落，伤及地面人员。

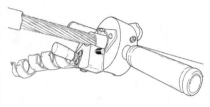

图 2　剥除绝缘层

**测量引线长度，去除主导线搭接点绝缘层。**

- 使用绝缘测量杆分别测量三根上引线长度。
- 使用导线剥皮器去除主导线搭接点绝缘层。
- 及时恢复主导线搭接点绝缘遮蔽。

危险点：
- 作业过程中操作不当，工器具、材料掉落，伤及地面人员。
- 作业过程中人体串入回路导致人员触电。
- 去除导线绝缘层时动作幅度过大，导致导线晃动，引起相间短路。
- 剥皮器使用不当，伤及导线线芯。

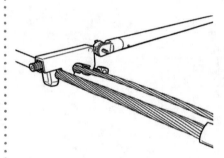

图 3　绝缘双头锁杆固定引线与导线

**接熔断器上引线。**

- 将待接上引线的一端安装于熔断器上桩头。
- 使用绝缘双头锁杆将上引线固定在主导线搭接点。
- 使用电动扳手拧紧线夹螺栓，拆除绝缘双头锁杆并及时恢复主导线搭接点绝缘遮蔽。

注：三相引线搭接顺序按照先中间相，后两边相进行。

**拆除绝缘遮蔽（隔离）用具，人员撤离带电区域。**

危险点：
- 作业过程中操作不当，工器具、材料掉落，伤及地面人员。
- 作业过程中人体串入回路导致人员触电。
- 引线过长且摆动幅度过大，导致接地或短路。
- 线夹安装时紧固力不足，导致设备运行后发热或运行过程中引线脱落。

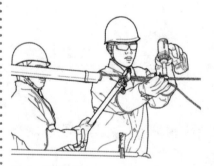

图 4　安装线夹

# 1.7 绝缘手套作业法（绝缘斗臂车作业）带电断分支线路引流线

**设备装置**

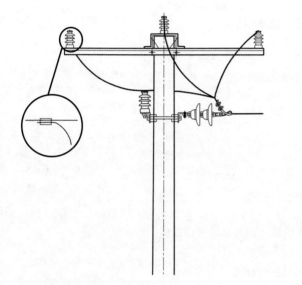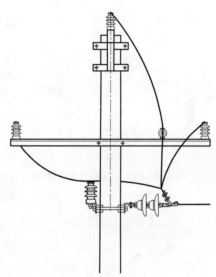

分支杆

**主要工器具**

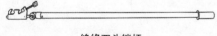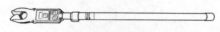

绝缘双头锁杆　　　　　　　　　　　绝缘杆电流检测仪

## 技能点

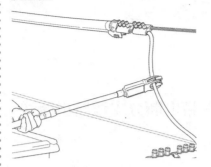

图 1　测量空载电流

**检测分支线空载电流。**

使用电流检测仪分别检测三相分支线路电流，确认线路空载。

危险点：

分支线路未空载，带负荷断引线，导致弧光放电。

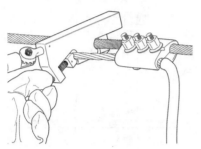

图 2　使用绝缘双头锁杆固定引线及主导线

**进入带电作业区域，设置绝缘遮蔽（隔离）措施。**

对作业范围内的带电体和接地体进行绝缘遮蔽。

危险点：

• 作业过程中人体与带电体之间的安全距离不足、遮蔽不严，导致触电。

• 作业过程中操作不当，工器具、材料掉落，伤及地面人员。

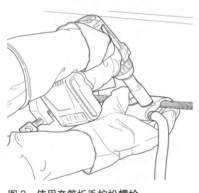

图 3　使用套筒扳手拧松螺栓

**断分支杆引线。**

• 使用绝缘双头锁杆将引线固定在主导线上。

• 使用绝缘套筒扳手拧松螺栓，拆除线夹。

• 使用绝缘双头锁杆将引线迅速脱离导线，固定于同相引线上，防止引线摆动，并及时恢复主导线搭接点绝缘遮蔽。

注：三相引线拆除顺序按照先两边相，再中间相或先易后难顺序进行。

危险点：

• 作业过程中人体与带电体之间的安全距离不足、遮蔽不严，导致触电。

• 作业过程中操作不当，导致引线或线夹脱落。

• 引线摆动幅度过大导致设备接地或短路。

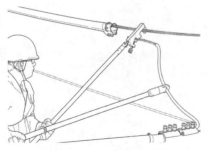

图 4　使用绝缘双头锁杆拆除引线

**拆除绝缘遮蔽（隔离）用具，人员撤离带电区域。**

# 1.8 绝缘手套作业法（绝缘斗臂车作业）带电接分支线路引流线

## 设备装置

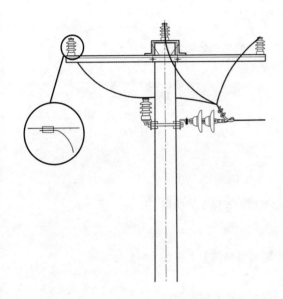
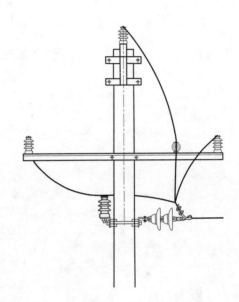

分支杆

## 主要工器具

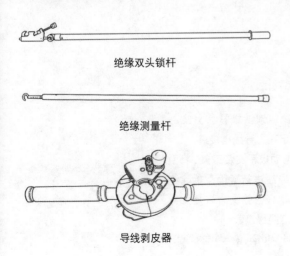

绝缘双头锁杆

绝缘测量杆

导线剥皮器

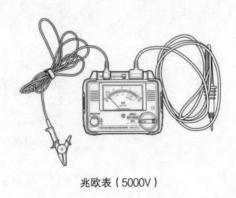

兆欧表（5000V）

## 技能点

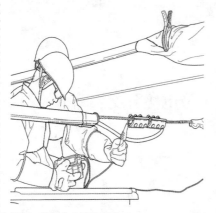

图1 检测分支线绝缘电阻

**检测分支线绝缘电阻。**

使用兆欧表对三相分支线分别测试相对地绝缘电阻，电阻值不得小于500MΩ。

危险点：
线路绝缘性能不良导致线路接地或短路。

**进入带电作业区域，设置绝缘遮蔽（隔离）措施。**

对作业范围内的带电体和接地体进行绝缘遮蔽。

危险点：
• 作业过程中人体与带电体之间的安全距离不足、遮蔽不严，导致触电。
• 作业过程中操作不当，工器具、材料掉落，伤及地面人员。

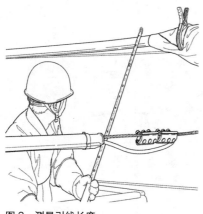

图2 测量引线长度

**测量引线长度，去除主导线搭接点绝缘层。**

• 使用绝缘测量杆测量上引线长度。
• 使用导线剥皮器去除主导线搭接点处的绝缘层。
• 及时恢复主导线搭接点绝缘遮蔽。

危险点：
• 作业过程中操作不当，工器具、材料掉落，伤及地面人员。
• 作业过程中人体串入回路导致人员触电。
• 去除导线绝缘层时动作幅度过大，导致导线晃动，引起相间短路。
• 剥皮器使用不当，伤及导线线芯。

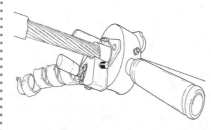

图3 剥除绝缘层

**接分支线引线。**

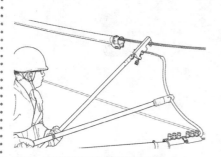

图4 使用绝缘双头锁杆搭接引线

• 使用绝缘双头锁杆将分支线引线固定在主导线搭接点。
• 使用电动扳手安装线夹，将引线与主导线进行紧固，拆除绝缘双头锁杆，并及时恢复主导线搭接点绝缘遮蔽。

注：三相引线搭接顺序按照先中间相，后两边相进行。

危险点：
• 作业过程中操作不当，工器具、材料掉落，伤及地面人员。
• 作业过程中人体串入回路导致人员触电。
• 引线过长且摆动幅度过大，导致接地或短路。
• 线夹安装时紧固力不足，导致设备运行后发热或运行过程中引线脱落。

图5 使用绝缘双头锁杆固定主导线及引线

**拆除绝缘遮蔽（隔离）用具，
人员撤离带电区域。**

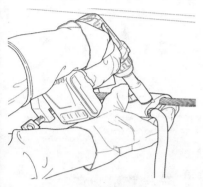

图6 使用套筒扳手紧固线夹

# 1.9 绝缘手套作业法（绝缘斗臂车作业）带电断耐张线路引线

**设备装置**

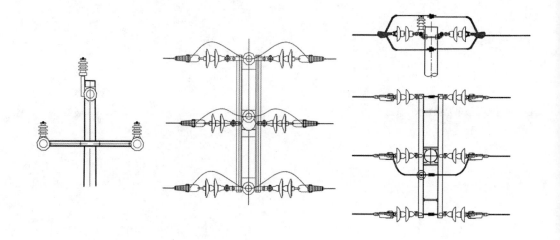

耐张杆

**主要工器具**

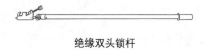

绝缘双头锁杆

电流检测仪

# 技能点

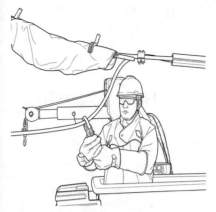

图1 测量空载电流

图2 使用绝缘双头锁杆固定导线并
拆除线夹

图3 使用绝缘双头锁杆拆除引线并固定

**检测断引点负荷侧空载电流。**

使用电流检测仪分别检测断引点负荷侧三相导线电流，确认线路空载。

危险点：
待断线路未空载，带负荷断引线，导致弧光放电。

**进入带电作业区域，设置绝缘遮蔽（隔离）措施。**

对作业范围内的带电体和接地体进行绝缘遮蔽。

危险点：
• 作业过程中人体与带电体之间的安全距离不足、遮蔽不严，导致触电。
• 作业过程中操作不当，工器具、材料掉落，伤及地面人员。

**断耐张线路引线。**

• 使用绝缘双头锁杆固定导线及引线。
• 使用套筒扳手拧松螺栓，拆除线夹。
• 使用绝缘双头锁杆将引线迅速脱离导线，并可靠固定在本相上。
注：三相引线拆除顺序按照先两边相，再中间相进行。

危险点：
• 作业过程中人体串入回路导致人员触电。
• 引线过长且摆动幅度过大，导致接地或短路。
• 作业过程中操作不当，引线掉落，导致设备接地或短路。

**拆除绝缘遮蔽（隔离）用具，人员撤离带电区域。**

## 1.10  绝缘手套作业法（绝缘斗臂车作业）带电接耐张线路引线

**设备装置**

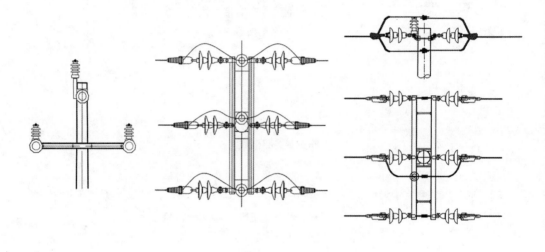

耐张杆

**主要工器具**

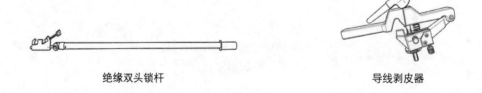

绝缘双头锁杆                                     导线剥皮器

## 技能点

图1 剥除导线绝缘层

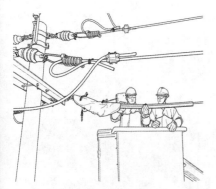

图2 恢复主导线搭接点绝缘遮蔽

图3 使用绝缘双头锁杆固定导线并安装线夹

**检测支线后端绝缘电阻。**

使用兆欧表分别检测后端三相导线对地绝缘电阻，电阻值不得小于500MΩ。

危险点：
· 线路绝缘性能不良导致线路接地。
· 待接线路未空载，带负荷接引线，导致弧光放电。

**进入带电作业区域，设置绝缘遮蔽（隔离）措施。**

对作业范围内的带电体和接地体进行绝缘遮蔽。

危险点：
· 作业过程中人体与带电体之间的安全距离不足、遮蔽不严，导致触电。
· 作业过程中操作不当，工器具、材料掉落，伤及地面人员。

**测量耐张线路引线长度，去除主导线搭接点绝缘层。**

· 使用绝缘测量杆测量耐张引线长度。
· 使用导线剥皮器去除主导线搭接点绝缘层。
· 及时恢复主导线搭接点绝缘遮蔽。

危险点：
· 作业过程中操作不当，工器具、材料掉落，伤及地面人员。
· 作业过程中人体与带电体之间的安全距离不足、遮蔽不严，导致触电。
· 去除导线绝缘层时动作幅度过大，导致导线晃动，引起相间短路。
· 剥皮器使用不当，伤及导线线芯。

**接耐张线路引线。**

· 使用绝缘双头锁杆将耐张引线固定在主导线搭接点。
· 使用套筒扳手拧紧线夹螺栓，拆除绝缘双头锁杆。

注：三相引线搭接顺序按照先中间相，后两边相进行。

危险点：
· 作业过程中人体与带电体之间的安全距离不足、遮蔽不严，导致触电。
· 作业过程中操作不当，引线掉落，造成接地或短路。
· 引线过长且摆动幅度过大，导致接地或短路。

**拆除绝缘遮蔽（隔离）用具，人员撤离带电区域。**

## 1.11 绝缘手套作业法（绝缘斗臂车作业）带电断空载电缆线路与架空线路连接引线

**设备装置**

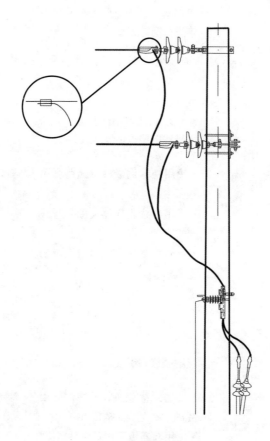

电缆终端杆

**主要工器具**

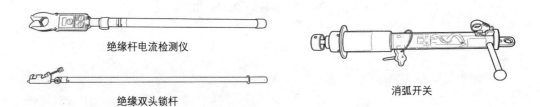

绝缘杆电流检测仪

绝缘双头锁杆

消弧开关

# 技能点

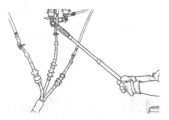

图 1 检测电缆引线空载电流

**检测引下电缆空载电流。**

使用绝缘杆电流检测仪分别检测三相电缆引线空载电流，确认电缆线路空载。电流值在 0.1A 和 5A 之间需使用消弧开关。

危险点：
电缆线路未空载，导致带负荷断引线。

图 2 安装并合上消弧开关

**进入带电作业区域，设置绝缘遮蔽（隔离）措施。**

对作业范围内的带电体和接地体进行绝缘遮蔽。

危险点：
• 作业过程中人体与带电体之间的安全距离不足、遮蔽不严，导致触电。
• 作业过程中操作不当，工器具、材料掉落，伤及地面人员。

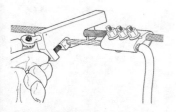

图 3 使用绝缘双头锁杆固定引线及主导线

**安装并合上消弧开关。**

• 将消弧开关置于断开状态并闭锁。
• 将消弧开关一端挂接于主导线上，另一端用绝缘引流线与电缆引线连接。
• 合上消弧开关，并确认开关已合好。

危险点：
• 消弧开关未置于断开状态下接入，导致弧光放电。
• 消弧开关故障，合闸不到位，接引时导致弧光放电。

图 4 拆除线夹

**断电缆引线。**

• 使用绝缘双头锁杆将电缆引线固定在主导线上。
• 使用电动扳手拧松螺栓，拆除线夹。
• 使用绝缘双头锁杆将电缆引线迅速脱离主导线并可靠固定于本相上。
• 拉开消弧开关并将其可靠闭锁。
• 拆除绝缘引流线及消弧开关。

注：三相电缆引线拆除顺序按照先两边相，再中间相进行。

分别对已断开的三相电缆引线进行充分放电。

危险点：
• 作业过程中操作不当，引线掉落或摆动幅度过大，造成设备接地或短路。
• 作业过程中人体串入回路导致人员触电。
• 未对已断开的三相电缆引线进行充分放电，存在人员触电隐患。

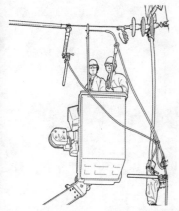

图 5 使用绝缘双头锁杆拆除电缆引线

**拆除绝缘遮蔽（隔离）用具，人员撤离带电区域。**

## 1.12　绝缘手套作业法（绝缘斗臂车作业）带电接空载电缆线路与架空线路连接引线

**设备装置**

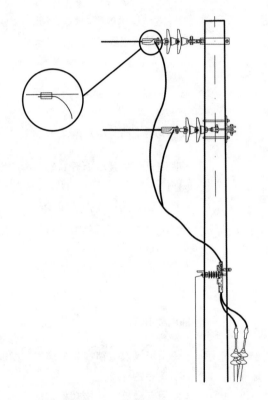

电缆终端杆

**主要工器具**

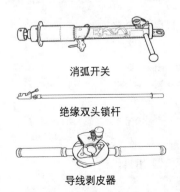

消弧开关

绝缘双头锁杆

导线剥皮器

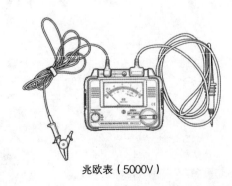

兆欧表（5000V）

# 技能点

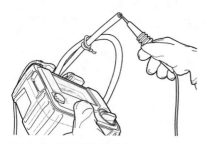

图 1　测量电缆引线绝缘电阻

**测量电缆引线绝缘电阻。**

· 确认待接电缆线路已空载。

· 根据电缆线路长度和截面，计算电缆线路电容电流，不超过 5A 方可作业。

· 使用兆欧表分别测量三相电缆引线相对地绝缘电阻，绝缘电阻值不得低于 500MΩ。

危险点：

未确认电缆线路已空载，或未进行绝缘遥测电缆线路接地，带负荷接引流线导致弧光放电。

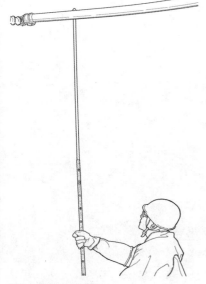

图 2　测量引线长度

**进入带电作业区域，设置绝缘遮蔽（隔离）措施。**

对作业范围内的带电体和接地体进行绝缘遮蔽。

危险点：

· 作业过程中人体与带电体之间的安全距离不足、遮蔽不严，导致触电。

· 作业过程中操作不当，工器具、材料掉落，伤及地面人员。

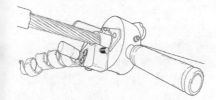

图 3　剥除主导线搭接点绝缘层

**测量引线长度，去除主导线搭接点绝缘层。**

· 测量耐张引线长度，做好接引准备。

· 使用导线剥皮器去除主导线搭接点绝缘层。

· 及时恢复主导线搭接点绝缘遮蔽。

危险点：

· 作业过程中操作不当，工器具、材料掉落，伤及地面人员。

· 作业过程中人体串入电路，导致触电。

· 去除导线绝缘层时动作幅度过大，导致导线晃动引起相间短路。

· 剥皮器使用不当，伤及导线线芯。

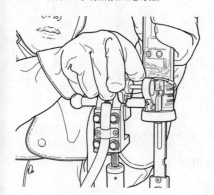

图 4　解开消弧开关保险销

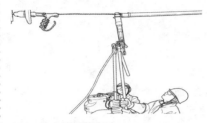

图5 合上消弧开关

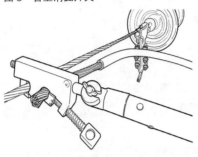

图6 使用绝缘双头锁杆固定引线及主导线

图7 使用电动扳手安装线夹

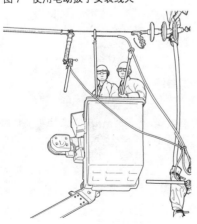

图8 使用消弧开关接电缆引线

**安装并合上消弧开关。**

• 将消弧开关置于断开状态并闭锁。

• 将消弧开关一端挂接于主导线上，另一端用绝缘引流线与电缆引线连接。

• 合上消弧开关，并确认开关已合好。

危险点：

• 消弧开关未置于断开状态下接入，导致弧光放电。

• 消弧开关故障，合闸不到位，接引时导致弧光放电。

**接空载电缆引线。**

• 使用绝缘双头锁杆将电缆引线固定在主导线搭接点。

• 安装线夹，完成电缆引线安装。

• 解除消弧开关闭锁，拉开消弧开关。

• 拆除绝缘引流线及消弧开关。

注：三相引线搭接顺序按照先中间相，后两边相进行。

危险点：

• 作业过程中操作不当，引线脱落或摆动幅度过大，造成设备接地或短路。

• 作业过程中人体串入回路导致人员触电。

**拆除绝缘遮蔽（隔离）用具，人员撤离带电区域。**

# 1.13 绝缘杆作业法（绝缘斗臂车作业）带电接分支线路引线

**设备装置**

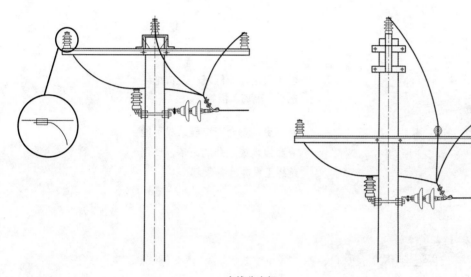

直线分支杆

**主要工器具**

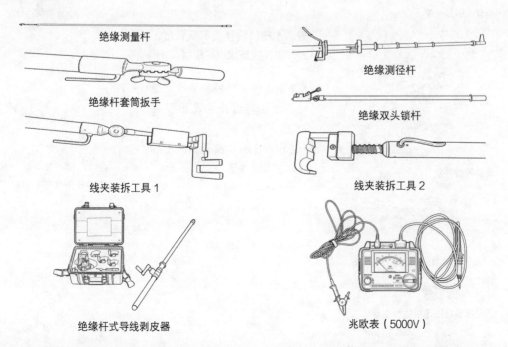

| | |
|---|---|
| 绝缘测量杆 | 绝缘测径杆 |
| 绝缘杆套筒扳手 | 绝缘双头锁杆 |
| 线夹装拆工具 1 | 线夹装拆工具 2 |
| 绝缘杆式导线剥皮器 | 兆欧表（5000V） |

## 技能点

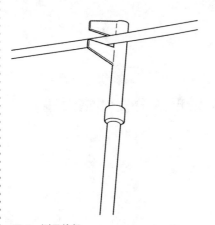

图1 测量线径

**测量分支线绝缘电阻。**

使用兆欧表分别测量三相分支线引线相对地绝缘电阻，绝缘电阻值不得低于500MΩ。

危险点：
• 线路绝缘性能不良导致分支线路接地或短路。
• 分支线路未空载，带负荷接引线，导致弧光放电。

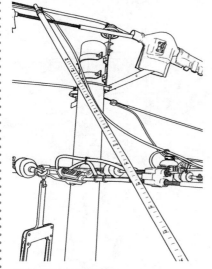

图2 测量上引线长度

**进入带电作业区域，设置绝缘遮蔽（隔离）措施。**

对不满足安全距离要求或可能导致接地或短路的设备，使用绝缘工具进行绝缘遮蔽。

危险点：
• 作业过程中人体与带电体之间的安全距离不足、遮蔽不严，导致触电。
• 作业过程中操作不当，工器具、材料掉落，伤及地面人员。

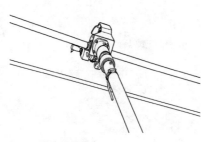

图3 剥除导线外皮

**测量主导线线径及引线长度，去除主导线搭接点绝缘层。**

• 使用绝缘测径杆和绝缘测量杆测量主导线线径及上引线长度。
• 使用绝缘杆剥皮器去除主导线搭接点绝缘层。

危险点：
• 作业过程中操作不当，工器具、材料掉落，伤及地面人员。
• 作业过程中人体串入回路导致人员触电。
• 去除导线绝缘层时动作幅度过大，导致导线晃动，引起相间短路。
• 剥皮器使用不当，伤及导线线芯。

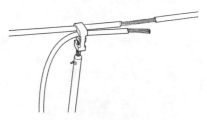

图4 用绝缘锁杆固定引线和主导线

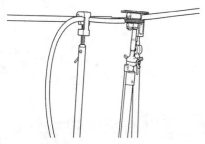

图 5　用线夹装拆工具套入线夹

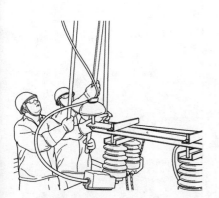

图 6　用绝缘杆套筒扳手拧紧线夹螺栓

**搭接分支线路引线。**

· 使用绝缘双头锁杆将分支线引线固定在主导线搭接点。
· 使用线夹装拆工具将并沟线夹套入主导线与引线。
· 使用绝缘杆套筒扳手拧紧线夹螺栓。

注：三相电缆引线搭接顺序按照先中间相，再两边相进行。

**拆除绝缘遮蔽（隔离）用具，人员撤离带电区域。**

危险点：
· 作业过程中操作不当，工器具、材料掉落，伤及地面人员。
· 作业过程中人体串入回路导致人员触电。
· 引线过长且摆动幅度过大，导致接地或短路。
· 线夹安装时紧固力不足，导致运行后发热或运行过程中引线掉落。

# 1.14 绝缘杆作业法（绝缘斗臂车作业）带电断空载电缆线路与架空线路连接引线

**设备装置**

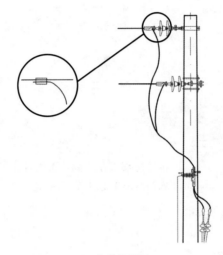

电缆终端杆

**主要工器具**

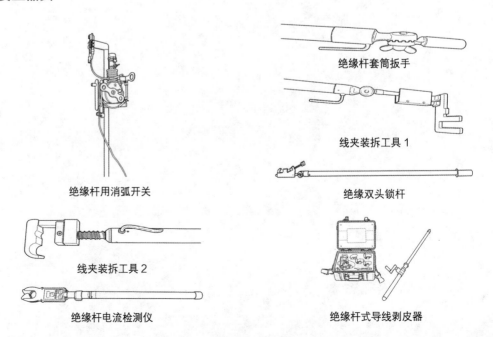

绝缘杆用消弧开关

绝缘杆套筒扳手

线夹装拆工具1

绝缘双头锁杆

线夹装拆工具2

绝缘杆电流检测仪

绝缘杆式导线剥皮器

# 技能点

图 1　剥除导线外皮

**检测引下电缆空载电流。**

使用绝缘杆电流检测仪分别检测三相电缆引线空载电流，确认电缆线路空载。电流值在 0.1A 和 5A 之间需使用消弧开关。

危险点：
电缆线路未空载，导致带负荷断引线。

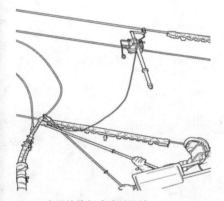

图 2　安装绝缘杆式消弧开关

**进入带电作业区域，设置绝缘遮蔽（隔离）措施。**

对不满足安全距离要求或可能导致接地或短路的设备，使用绝缘工具进行绝缘遮蔽。

危险点：
• 作业过程中人体与带电体之间的安全距离不足、遮蔽不严，导致触电。
• 作业过程中操作不当，工器具、材料掉落，伤及地面人员。

**去除主导线消弧开关挂接点绝缘层。**

使用绝缘杆剥皮器去除主导线搭接点绝缘层。

危险点：
• 作业过程中操作不当，工器具、材料掉落，伤及地面人员。
• 作业过程中人体串入回路导致人员触电。
• 去除导线绝缘层时动作幅度过大，导线晃动引起相间短路。
• 剥皮器使用不当，伤及导线线芯。

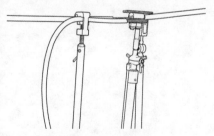

图 3　用线夹装拆工具固定线夹

**安装并合上消弧开关。**

• 检查确认绝缘杆消弧开关处于断开位置并将其置于闭锁状态。
• 将绝缘杆消弧开关挂接于主导线上，并将绝缘杆消弧开关上的绝缘引流线与电缆引线连接。
• 解除消弧开关闭锁，合上绝缘杆消弧开关，并确认消弧开关已合好。

危险点：
• 消弧开关未置于断开状态下接入，导致弧光放电。
• 消弧开关故障，合闸不到位，接引时导致弧光放电。

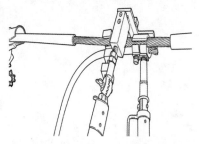

**图4 用绝缘杆套筒扳手拧松线夹螺栓**

断电缆引线。

• 使用绝缘双头锁杆固定导线及电缆引线，用线夹装拆工具固定线夹。

• 使用绝缘杆套筒扳手拧松螺栓，拆除线夹。

• 使用绝缘双头锁杆将引线迅速脱离导线并固定于同相引线上，防止引线摆动。

• 拉开绝缘杆消弧开关。

• 拆除消弧开关绝缘引流线及消弧开关。

注：三相电缆引线拆除顺序按照先两边相，再中间相进行。

分别对已断开的三相电缆引线进行充分放电。

**拆除绝缘遮蔽（隔离）用具，人员撤离带电区域。**

危险点：

• 作业过程中操作不当，工器具、材料掉落，伤及地面人员。

• 引线过长且摆动幅度过大，导致接地或短路。

• 作业过程中人体串入回路导致人员触电。

• 绝缘杆消弧开关故障，分闸时未断开，拆除时发生弧光放电。

• 未对已断开的三相电缆引线进行充分放电，遗留人员触电隐患。

# 第2章

# 带电更换元件和设备

## 2.1 绝缘杆作业法（登杆作业）带电更换熔断器

**设备装置**

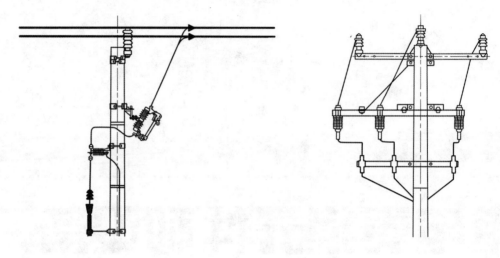

杆变（用户电缆）装置熔断器

**主要工器具**

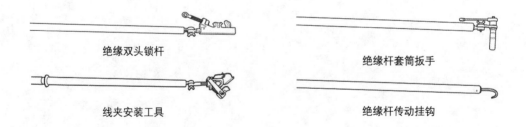

绝缘双头锁杆

绝缘杆套筒扳手

线夹安装工具

绝缘杆传动挂钩

## 技能点

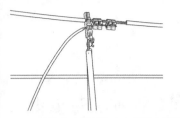

图 1　绝缘双头锁杆固定主导线和引线

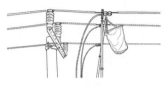

**进入带电作业区域，设置绝缘遮蔽（隔离）措施。**

对不满足安全距离要求或可能导致接地或短路的设备，使用绝缘工具进行绝缘遮蔽。

危险点：
• 作业过程中人体与带电体之间的安全距离不足、遮蔽不严，导致触电。
• 作业过程中操作不当，工器具、材料掉落，伤及地面人员。

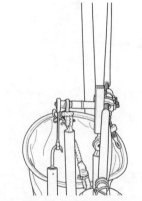

图 2　用绝缘杆套筒扳手拆除线夹

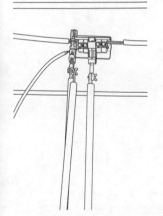

图 3　用线夹安装工具固定并沟线夹和引线，套入主导线并用绝缘杆双头锁杆固定

**更换跌落熔断器。**

• 使用绝缘双头锁杆固定主导线及引线，用线夹装拆工具固定线夹。
• 使用绝缘杆套筒扳手拧松螺栓，拆除线夹。
• 使用绝缘双头锁杆将引线迅速脱离导线，固定于同相下引线上。

注：三相引线拆除顺序按照先两边相，再中间相进行。

• 逐相更换跌落熔断器并试操作。
• 使用绝缘杆套筒扳手将处理完成的引线安装于熔断器上桩头。
• 使用绝缘双头锁杆将上引线固定在主导线搭接点。
• 使用线夹装拆工具将并沟线夹套入主导线与引线搭接点并使用绝缘杆套筒扳手拧紧线夹螺栓。

注：三相引线搭接顺序按照先中相，再两边相进行。

危险点：
• 操作失误，引线掉落，导致接地或短路。
• 作业过程中操作不当，工器具、材料掉落，伤及地面人员。
• 作业过程中人体与带电体之间的安全距离不足、遮蔽不严，导致触电。

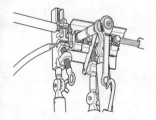

图 4　用绝缘杆套筒扳手紧固线夹

**拆除绝缘遮蔽（隔离）用具，人员撤离带电区域。**

## 2.2　绝缘手套作业法（登杆＋绝缘平台配合作业）带电更换直线杆绝缘子

**设备装置**

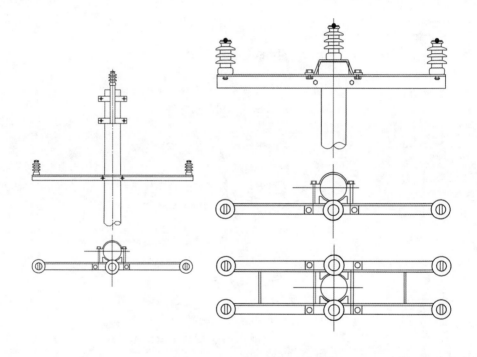

直线杆

**主要工器具**

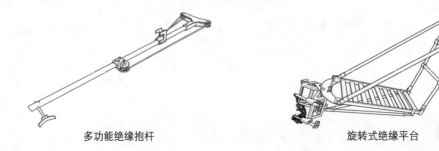

多功能绝缘抱杆　　　　　　　　　　旋转式绝缘平台

# 技能点

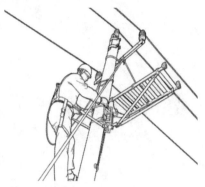

图 1　安装绝缘平台

图 2　解绑扎线

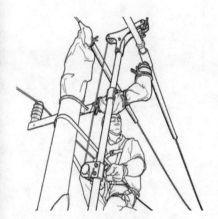

图 3　使用绝缘抱杆提升导线

**进入带电作业区域，设置绝缘遮蔽（隔离）措施。**

对作业范围内的带电体和接地体进行绝缘遮蔽。

危险点：
• 作业过程中人体与带电体之间的安全距离不足、遮蔽不严，导致触电。
• 作业过程中操作不当，工器具、材料掉落，伤及地面人员。

**安装绝缘平台和绝缘抱杆。**

• 在直线横担适当位置安装绝缘循环绳。
• 使用绝缘循环绳起吊并安装绝缘平台和绝缘抱杆。

危险点：
• 绝缘平台安装位置不当，导致无法工作或安全距离不足。
• 传递工具不使用绝缘绳索，导致设备接地或人员触电。
• 作业过程中人体与带电体之间的安全距离不足或遮蔽不严，导致触电。

**更换直线绝缘子。**

• 绝缘平台上电工对作业范围内的带电体和接地体进行绝缘遮蔽。
• 操作绝缘抱杆棘轮起升机构使抱杆卡槽顶住导线，并轻微受力。
• 绝缘平台上电工拆除直线绝缘子绑扎线，完成后恢复导线绝缘遮蔽（隔离）措施。
• 操作绝缘抱杆棘轮起升机构，将导线顶升至距离绝缘子 0.4m 以上高度并固定。
• 杆上电工更换直线杆绝缘子。
• 操作棘轮起升机构将导线降至绝缘子顶槽中，使用绑扎线将导线绑扎固定在绝缘子上，恢复绝缘遮蔽（隔离）措施。
• 分别拆除绝缘抱杆和绝缘平台，吊至地面。

**拆除绝缘遮蔽（隔离）用具，人员撤离带电区域。**

危险点：
• 绑扎线的展放长度过长（超过 10cm），导致设备接地。
• 作业过程中人体串入回路导致人员触电。
• 作业过程中操作不当，工器具、材料掉落，伤及地面人员。

# 2.3 绝缘手套作业法（绝缘斗臂车作业）带电更换避雷器

**设备装置**

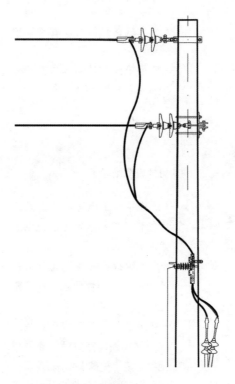

电缆引下杆

**主要工器具**

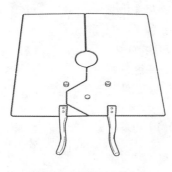

避雷器专用绝缘隔（挡）板

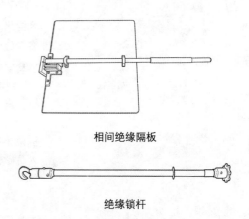

相间绝缘隔板

绝缘锁杆

# 技能点

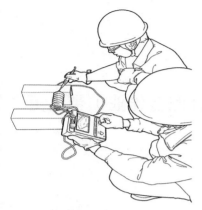

图 1　检测避雷器

**进入带电作业区域，设置绝缘遮蔽（隔离）措施。**

· 对作业范围内的带电体和接地体进行绝缘遮蔽。

· 使用 5000V 兆欧表对新装避雷器进行绝缘电阻遥测，电阻值不小于 1000MΩ。

危险点：

· 作业过程中人体与带电体之间的安全距离不足、遮蔽不严，导致触电。

· 作业过程中操作不当，工器具、材料掉落，伤及地面人员。

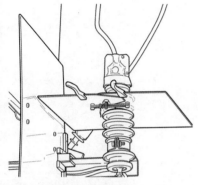

图 2　绝缘遮蔽（隔离）

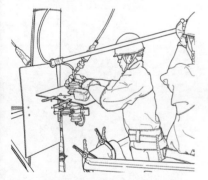

图 3　拆除避雷器引线（端子分开）

**更换避雷器。**

· 使用绝缘锁杆锁定避雷器上引线，在搭接处剪断避雷器引线，并及时恢复搭接处绝缘遮蔽。

· 拆除原有避雷器，逐相更换新避雷器，并连接新避雷器接地线，恢复避雷器绝缘遮蔽或隔离。

· 按照原拆原搭的原则，使用绝缘锁杆锁定避雷器引线，将避雷器上引线依次逐相搭接在带电引线上。

危险点：

· 作业过程中人体与带电体之间的安全距离不足、遮蔽不严，导致触电。

· 作业过程中操作不当，工器具、材料掉落，伤及地面人员。

· 引线过长且摆动幅度过大，导致接地或短路。

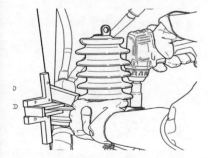

图 4　更换新避雷器

**拆除绝缘遮蔽（隔离）用具，人员撤离带电区域。**

## 2.4 绝缘手套作业法（绝缘平台＋登杆配合作业）带电更换避雷器

**设备装置**

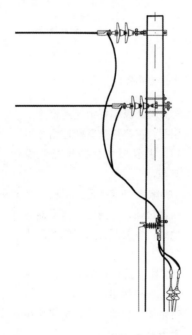

电缆引下杆

**主要工器具**

避雷器专用绝缘隔（挡）板

绝缘棘轮大剪

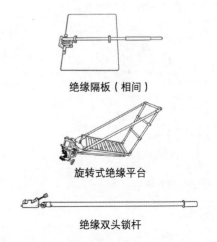

绝缘隔板（相间）

旋转式绝缘平台

绝缘双头锁杆

# 技能点

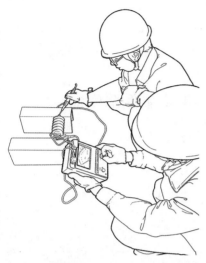

图1 检测避雷器

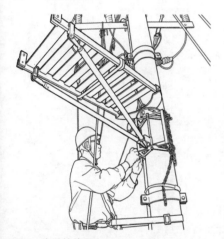

图2 安装绝缘平台

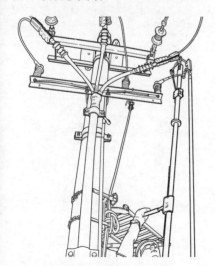

图3 断开避雷器上引线

**进入带电作业区域，设置绝缘遮蔽（隔离）措施。**

· 对作业范围内的带电体和接地体进行绝缘遮蔽。

· 使用 5000V 兆欧表对新装避雷器进行绝缘电阻遥测，电阻值不小于 1000 MΩ。

危险点：

· 作业过程中人体与带电体之间的安全距离不足、遮蔽不严，导致触电。

· 作业过程中操作不当，工器具、材料掉落，伤及地面人员。

**安装绝缘平台。**

· 在电杆适当位置安装绝缘循环绳。

· 安装绝缘平台。

危险点：

· 绝缘平台安装不牢固，导致人员高处坠落。

· 传递工具不使用绝缘绳索。

· 作业过程中人体与带电体之间的安全距离不足、遮蔽不严，导致触电。

**更换拆除避雷器。**

· 绝缘平台上电工对作业范围内的带电体和接地体进行绝缘遮蔽。

· 用绝缘双头锁杆将避雷器上引线固定，使用绝缘棘轮大剪将避雷器上引线从带电引线上剪除。

· 将引线迅速脱离带电体，圈好固定，然后将搭接处恢复绝缘遮蔽或隔离。

· 杆上人员更换避雷器，连接避雷器接地线，恢复避雷器绝缘遮蔽或隔离。

· 按照原拆原搭的原则，使用绝缘双头锁杆锁定避雷器引线，绝缘平台上电工将避雷器上引线依次逐相搭接在带电引线上。

危险点：

· 作业过程中人体与带电体之间的安全距离不足、遮蔽不严，导致触电。

· 作业过程中操作不当，工器具、材料掉落，伤及地面人员。

· 引线过长且摆动幅度过大，导致接地或短路。

**拆除绝缘平台和绝缘遮蔽（隔离）用具，人员撤离带电区域。**

## 2.5 绝缘手套作业法（绝缘斗臂车作业）带电更换熔断器

**设备装置**

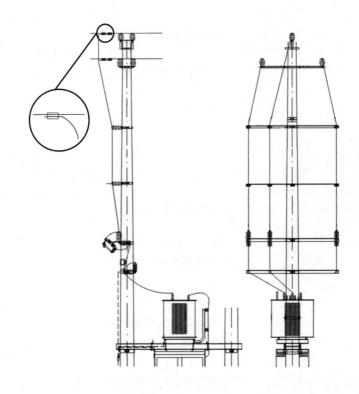

变台杆跌落式熔断器

**主要工器具**

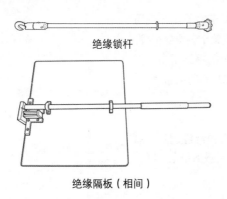

绝缘锁杆

绝缘隔板（相间）

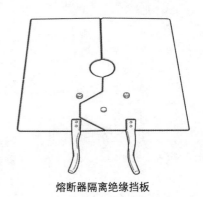

熔断器隔离绝缘挡板

# 技能点

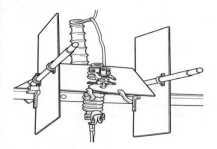

图 1 绝缘遮蔽措施

**进入带电作业区域，设置绝缘遮蔽（隔离）措施。**

对作业范围内的带电体和接地体进行绝缘遮蔽。

危险点：
· 作业过程中人体与带电体之间的安全距离不足、遮蔽不严，导致触电。
· 作业过程中操作不当，工器具、材料掉落，伤及地面人员。

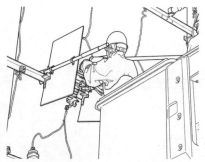

图 2 拆除熔断器上桩头

**更换熔断器。**

· 使用绝缘锁杆锁定引线，拧松熔断器上桩头螺栓，拆除熔断器上引线并固定于本相导线上。

注：三相引线拆除顺序按照先两边相，再中间相进行。

· 逐相更换跌落熔断器并试操作。

· 按照原拆原搭的原则，使用绝缘双头锁杆锁定跌落熔断器引线，将熔断器上引线依次逐相安装于熔断器上桩头上。

注：三相引线搭接顺序按照先中间相，后两边相进行。

危险点
· 作业过程中人体与带电体之间的安全距离不足、遮蔽不严，导致触电。
· 作业过程中操作不当，工器具、材料掉落，伤及地面人员。
· 引线摆动幅度过大，造成接地或短路。
· 熔断器上桩头安装时紧固力不足，导致运行后发热或运行过程中引线脱落。

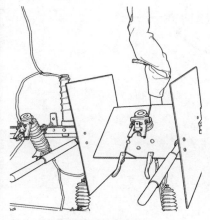

图 3 上引线固定及绝缘遮蔽

**拆除绝缘遮蔽（隔离）用具，人员撤离带电区域。**

## 2.6　绝缘手套作业法（绝缘平台＋登杆配合作业）带电更换熔断器

**设备装置**

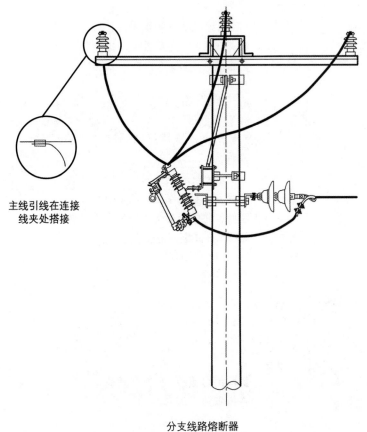

主线引线在连接
线夹处搭接

分支线路熔断器

**主要工器具**

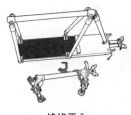

绝缘平台

绝缘双头锁杆

# 技能点

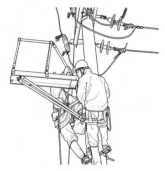

图 1 安装绝缘平台

图 2 拆除熔断器上引线

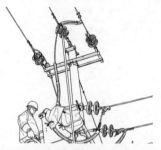

图 3 固定熔断器上引线

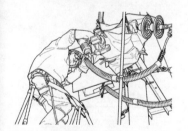

图 4 更换熔断器

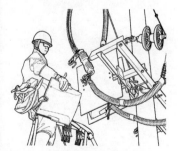

图 5 完成更换熔断器

**进入带电作业区域，设置绝缘遮蔽（隔离）措施。**

对作业范围内的带电体和接地体进行绝缘遮蔽。

危险点：
- 作业过程中人体与带电体之间的安全距离不足、遮蔽不严，导致触电。
- 作业过程中操作不当，工器具、材料掉落，伤及地面人员。

**安装绝缘平台。**

- 在电杆适当位置安装绝缘循环绳。
- 安装绝缘平台。

危险点：
- 绝缘平台安装不牢固，导致人员高处坠落。
- 传递工具不使用绝缘绳索。
- 作业过程中人体与带电体之间的安全距离不足、遮蔽不严，导致触电。

**更换熔断器。**

- 绝缘平台上电工对作业范围内的带电体和接地体进行绝缘遮蔽。
- 使用绝缘双头锁杆锁定引线，拧松熔断器上桩头螺栓，拆除熔断器上引线并固定于本相导线上。

注：三相引线拆除顺序按照先两边相，再中间相进行。

- 逐相更换跌落熔断器并试操作。
- 按照原拆原搭的原则，使用绝缘双头锁杆锁定跌落熔断器引线，将熔断器上引线依次逐相安装于熔断器上桩头上。

注：三相引线搭接顺序按照先中间相，后两边相进行。

危险点：
- 作业过程中人体与带电体之间的安全距离不足、遮蔽不严，导致触电。
- 作业过程中操作不当，工器具、材料掉落，伤及地面人员。
- 引线过长且摆动幅度过大，导致接地或短路。
- 熔断器上桩头安装时紧固力不足，导致运行后发热或运行过程中引线脱落。

**拆除绝缘遮蔽（隔离）用具，人员撤离带电区域。**

## 2.7 绝缘手套作业法（绝缘斗臂车作业）带电更换直线杆绝缘子

**设备装置**

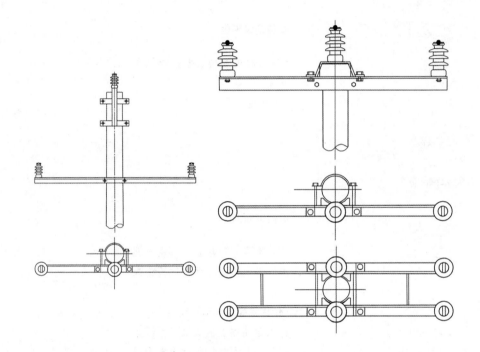

直线杆

**主要工器具**

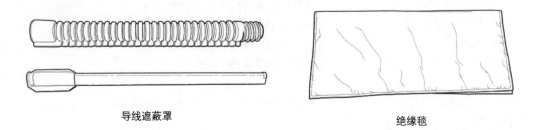

导线遮蔽罩 绝缘毯

# 技能点

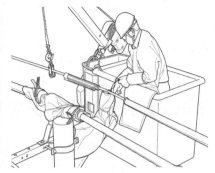

图 1  使用绝缘小吊固定导线

**进入带电作业区域，设置绝缘遮蔽（隔离）措施。**

对作业范围内的带电体和接地体进行绝缘遮蔽。

危险点：
• 作业过程中人体与带电体之间的安全距离不足、遮蔽不严，导致触电。
• 作业过程中操作不当，工器具、材料掉落，伤及地面人员。

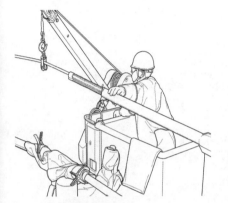

图 2  起吊导线至合适位置

**更换直线绝缘子。**

• 使用绝缘小吊固定导线。
• 拆除直线绝缘子绑扎线。
• 使用绝缘小吊提升导线至合适位置，并及时恢复绝缘遮蔽。
• 更换直线绝缘子。
• 使用绝缘小吊将导线放置在直线绝缘子线槽上。
• 使用绑扎线将导线绑扎固定在直线绝缘子线槽上。

危险点：
• 作业过程中人体与带电体之间的安全距离不足、遮蔽不严，导致触电。
• 作业过程中操作不当，工器具、材料掉落，伤及地面人员。
• 绑扎线过长（大于10cm），导致接地或短路。

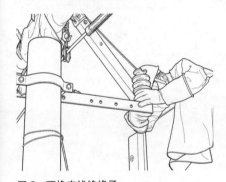

图 3  更换直线绝缘子

**拆除绝缘遮蔽（隔离）用具，人员撤离带电区域。**

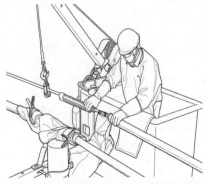

图 4  将导线降落至直线绝缘子线槽上并绑扎固定

## 2.8 绝缘手套作业法（绝缘平台作业）带电更换直线杆绝缘子及横担

**设备装置**

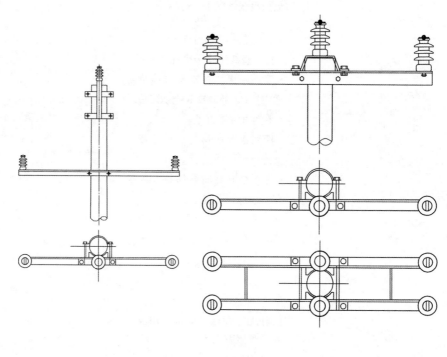

直线杆

**主要工器具**

绝缘平台

绝缘抱杆

# 技能点

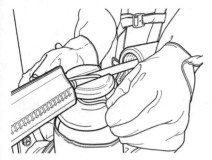

图1 拆除绑扎线或绑扎导线

图2 提升导线

**进入带电作业区域，设置绝缘遮蔽（隔离）措施。**

对作业范围内的带电体和接地体进行绝缘遮蔽。

危险点：
- 作业过程中人体与带电体之间的安全距离不足、遮蔽不严，导致触电。
- 作业过程中操作不当，工器具、材料掉落，伤及地面人员。

**安装绝缘平台，组装绝缘横担。**

- 在合适位置安装绝缘循环绳。
- 安装绝缘平台。
- 安装电杆用绝缘横担。

危险点：
- 绝缘平台安装不牢固，导致人员高处坠落。
- 传递工具不使用绝缘绳索。
- 作业过程中人体与带电体之间的安全距离不足、遮蔽不严，导致触电。

**更换直线绝缘子及横担。**

- 绝缘平台上电工对作业范围内的带电体和接地体进行绝缘遮蔽。
- 调整绝缘横担高度，将两边相导线分别置于绝缘横担导线槽内。
- 绝缘平台上电工配合拆除直线绝缘子绑扎线，并恢复导线绝缘遮蔽。
- 操作绝缘横担起升机构，提升两边相导线至适当位置。
- 杆上电工更换直线杆绝缘子及横担。
- 操作绝缘横担起升机构，将两边相导线分别下落至两边相绝缘子顶槽中绑扎固定并恢复绝缘遮蔽。

危险点：
- 作业过程中人体与带电体之间的安全距离不足、遮蔽不严，导致触电。
- 作业过程中操作不当，工器具、材料掉落，伤及地面人员。
- 绑扎线过长（大于10cm），导致接地或短路。

**拆除绝缘遮蔽（隔离）用具，人员撤离带电区域。**

## 2.9 绝缘手套作业法（绝缘斗臂车作业）带电更换耐张杆绝缘子串

**设备装置**

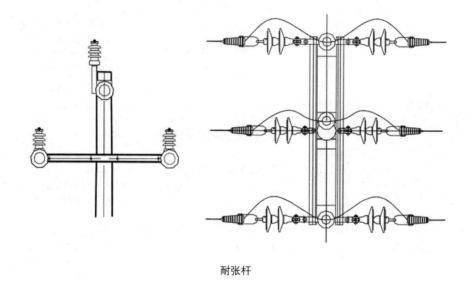

耐张杆

**主要工器具**

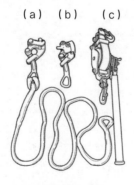

（a）导线后备保护绝缘绳；（b）导线卡线器；
（c）绝缘紧线器

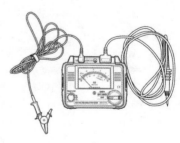

兆欧表

# 技能点

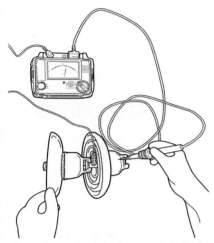

图1　检测绝缘子

**进入带电作业区域，设置绝缘遮蔽（隔离）措施。**

对作业范围内的带电体和接地体进行绝缘遮蔽。

危险点：
• 作业过程中人体与带电体之间的安全距离不足、遮蔽不严，导致触电。
• 作业过程中操作不当，工器具、材料掉落，伤及地面人员。

**更换耐张绝缘子。**

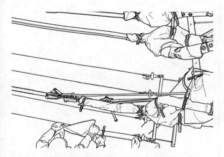

图2　安装绝缘紧线器和后备保护绳

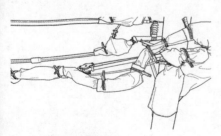

图3　拆除耐张绝缘子

• 使用兆欧表对新绝缘子进行绝缘遥测，单片绝缘电阻值不小于500MΩ。
• 安装绝缘紧线器，绝缘紧线器手柄（有金属部件）必须在导线侧，防止单相接地，安装完成后及时恢复绝缘遮蔽。
• 缓慢收紧绝缘紧线器，使绝缘紧线器受力。
• 安装后备保护绳，并使其轻微受力。
• 拔除绝缘子与耐张线夹的连接销，绝缘子脱离导线，恢复耐张线夹的绝缘遮蔽。
• 更换耐张绝缘子，连接绝缘子与耐张线夹的连接销并及时恢复绝缘子串的绝缘遮蔽。
• 放松后备保护绳，缓慢放松绝缘紧线器，将导线张力转移至绝缘子串。
• 检查无误后，拆除绝缘紧线器和后备保护绳。

危险点：
• 选用承力工具不满足载荷要求，导致承力工具被拉断造成跑线。
• 紧、放线过快，导线剧烈晃动，导致相间或相对地短路。
• 未使用后备保护绳或操作不当，造成跑线。
• 作业过程中人体与带电体之间的安全距离不足、遮蔽不严，导致触电。

**拆除绝缘遮蔽（隔离）用具，人员撤离带电区域。**

## 2.10 绝缘手套作业法（绝缘斗臂车作业）带负荷更换熔断器

**设备装置**

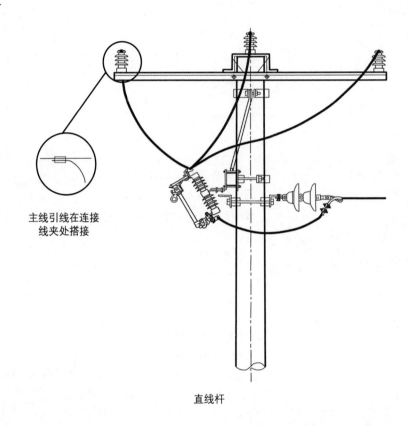

主线引线在连接
线夹处搭接

直线杆

**主要工器具**

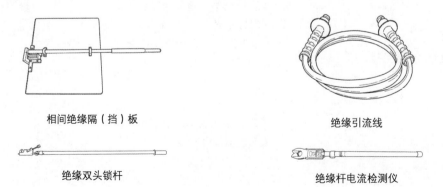

相间绝缘隔（挡）板

绝缘引流线

绝缘双头锁杆

绝缘杆电流检测仪

# 技能点

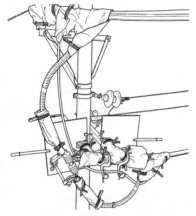

图 1　安装绝缘引流线支架、固定绝缘引流

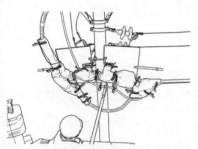

图 2　检测绝缘引流线电流

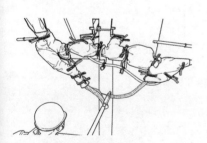

图 3　检测熔断器引线电流

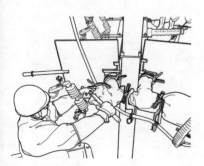

图 4　更换熔断器

**进入带电作业区域，设置绝缘遮蔽（隔离）措施。**

对作业范围内的带电体和接地体进行绝缘遮蔽。

危险点：
• 作业过程中人体与带电体之间的安全距离不足、遮蔽不严，导致触电。
• 作业过程中操作不当，工器具、材料掉落，伤及地面人员。

**安装熔断器防跌落器及绝缘引流线。**

• 在熔断器上、下桩头处安装防跌落器，防止意外分闸。
• 安装绝缘引流线支架，并固定绝缘引流线。
• 使用电流检测仪检测熔断器通流正常。
• 清除熔断器两端引线搭接点氧化层，先安装绝缘引流线至熔断器上引线，再安装绝缘引流线至熔断器下引线。
• 检测绝缘引流线通流正常（分流的负荷电流应不小于原线路负荷电流的 1/3）。

危险点：
• 未安装熔断器防跌落器，熔断器意外跌落分闸，导致带负荷接引流线。
• 未检测熔断器通流就搭接绝缘引流线，可能导致带负荷接引流线。
• 未清除氧化层或绝缘引流线未可靠搭接，搭接点发热。

**更换熔断器。**

• 使用操作杆拉开熔断器。
• 拆除熔断器上桩头螺栓，使用绝缘双头锁杆将熔断器上引线固定在同相引线上，并恢复绝缘遮蔽。
• 拆除熔断器下桩头螺栓，使用绝缘双头锁杆将熔断器下引线与同侧同相引线固定在一起，同时进行绝缘遮蔽。
• 更换熔断器，并试操作。
• 恢复熔断器上、下桩头引线，使用操作杆合上熔断器，并安装防跌落器。

**拆除绝缘引流线（含支架）。**

• 检测熔断器通流正常。
• 拆除绝缘引流线。
• 拆除熔断器防跌落器。

危险点：
• 作业过程中人体与带电体之间的安全距离不足、遮蔽不严，导致触电。
• 作业过程中引线未有效固定掉落，导致设备接地或短路。

危险点：
• 未检测熔断器通流就拆除绝缘引流线，可能导致带负荷断引流线。

**拆除绝缘遮蔽（隔离）用具，人员撤离带电区域。**

## 2.11　绝缘手套作业法（绝缘斗臂车作业）带负荷更换导线非承力线夹

**设备装置**

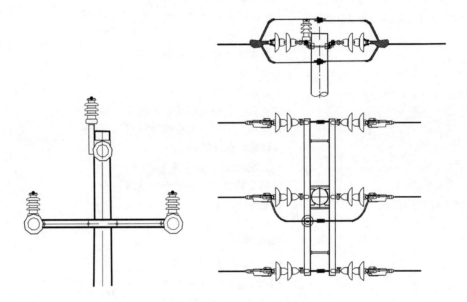

耐张杆（中相引线横担上方连接，边相引线横担下方连接）

**主要工器具**

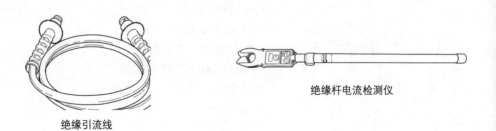

绝缘引流线　　　　　　　　　　　绝缘杆电流检测仪

# 技能点

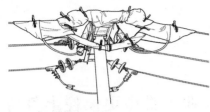

图1　安装绝缘引流线

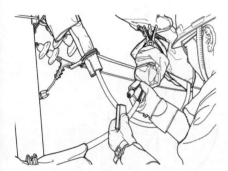

图2　更换非承力线夹

**检测引线电流。**

使用电流检测仪逐相检测待更换线夹引线电流，绝缘引流线额定电流应大于线路最大负荷电流。

**进入带电作业区域，设置绝缘遮蔽（隔离）措施。**

对作业范围内的带电体和接地体进行绝缘遮蔽。

危险点：
· 作业过程中人体与带电体之间的安全距离不足、遮蔽不严，导致触电。
· 作业过程中操作不当，工器具、材料掉落，伤及地面人员。
· 待更换的非承力线夹引线固定不牢，意外掉落，导致带负荷断引线。

**安装绝缘引流线。**

· 使用绝缘引流线短接待更换线夹。
· 使用电流检测仪检测绝缘引流线分流正常（分流的负荷电流应不小于原线路负荷电流的1/3）。

危险点：
· 作业过程中人体与带电体之间的安全距离不足、遮蔽不严，导致触电。
· 引线摆动幅度过大，导致接地或短路。

**更换导线非承力线夹。**

· 更换导线非承力线夹并及时恢复绝缘遮蔽。
· 使用电流检测仪检测线夹引线通流正常。
· 逐相拆除绝缘引流线。

危险点：
· 作业过程中人体与带电体之间的安全距离不足、遮蔽不严，导致触电。
· 作业过程中操作不当，工器具、材料掉落，伤及地面人员。
· 作业过程中操作不当，引线掉落，导致接地或短路。

**拆除绝缘遮蔽（隔离）用具，人员撤离带电区域。**

## 2.12 绝缘手套作业法（绝缘斗臂车作业）带电更换柱上负荷开关

**设备装置**

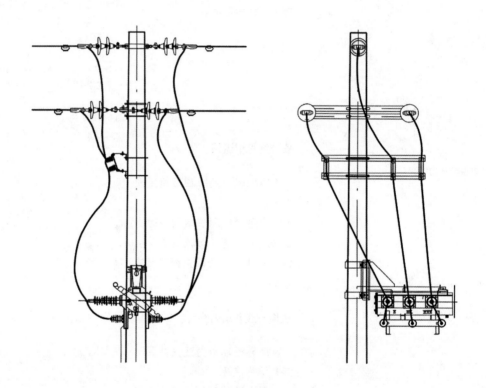

耐张开关杆

**主要工器具**

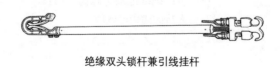

绝缘双头锁杆兼引线挂杆

# 技能点

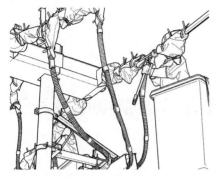

图1　使用绝缘双头锁杆将拆开的开关引线固定于同相导线上

**进入带电作业区域，设置绝缘遮蔽（隔离）措施。**

· 对作业范围内的带电体和接地体进行绝缘遮蔽。

· 使用兆欧表对新开关进行相对地绝缘遥测，绝缘电阻值不小于 500 MΩ。

危险点：

· 作业过程中人体与带电体之间的安全距离不足、遮蔽不严，导致触电。

· 作业过程中操作不当，工器具、材料掉落，伤及地面人员。

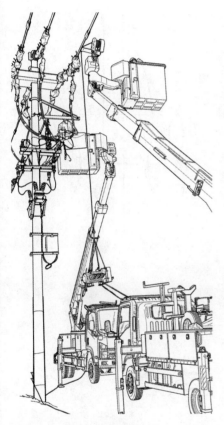

图2　更换柱上负荷开关

**更换柱上负荷开关。**

· 使用绝缘双头锁杆固定开关引线搭接处的导线及引线。

· 使用绝缘扳手拧松螺栓，拆除线夹。

· 使用绝缘双头锁杆将引线脱离主导线，并使用挂杆的挂钩挂接于同相主导线上。

注：三相引线拆除顺序按照先两边相，再中间相进行。

· 更换柱上负荷开关并试操作。

· 将处理完成的开关引线安装于柱上负荷开关接线端子处。

· 使用绝缘双头锁杆将开关引线固定于主导线搭接点。

· 拧紧线夹螺栓，拆除绝缘双头锁杆。

注：三相引线搭接顺序按照先中间相，后两边相进行。

危险点：

· 作业过程中人体与带电体之间的安全距离不足、遮蔽不严，导致触电。

· 吊装开关操作不当，导致开关或工器具坠落，伤及地面人员。

· 引线过长且摆动幅度过大，导致接地或短路。

· 线夹安装时紧固力不足，导致运行过程中接头发热或引线脱落。

**拆除绝缘遮蔽（隔离）用具，人员撤离带电区域。**

## 2.13 绝缘手套作业法（绝缘斗臂车作业）带电更换柱上隔离开关

**设备装置**

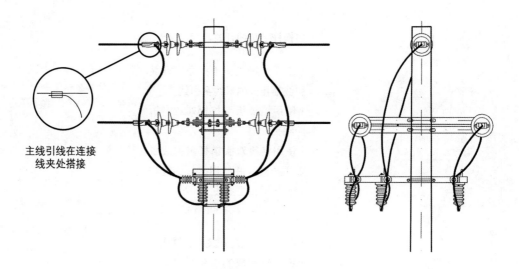

主线引线在连接
线夹处搭接

柱上隔离开关杆

**主要工器具**

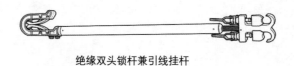

绝缘双头锁杆兼引线挂杆

# 技能点

**进入带电作业区域，设置绝缘遮蔽（隔离）措施。**

对作业范围内的带电体和接地体进行绝缘遮蔽。

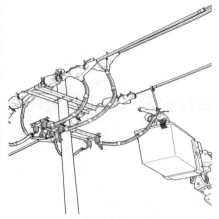

图1 设置绝缘遮蔽，断开隔离开关引线

危险点：
• 作业过程中人体与带电体之间的安全距离不足、遮蔽不严，导致触电。
• 作业过程中操作不当，工器具、材料掉落，伤及地面人员。

**更换柱上隔离开关。**

• 使用绝缘双头锁杆固定搭接点的主导线及引线。
• 拧松螺栓，拆除线夹。
• 使用绝缘双头锁杆将引线迅速脱离主导线并固定于同相引线上。

注：三相引线拆除顺序按照先两边相，再中间相进行，一侧引线拆除完毕，再拆另一侧引线。

• 逐相更换隔离开关并试操作。
• 将处理完成的引线安装于隔离开关接线柱上。
• 使用绝缘双头锁杆将引线固定于主导线搭接点，拧紧线夹螺栓，拆除绝缘双头锁杆。

注：三相引线搭接顺序按照先中间相，后两边相进行，一侧引线搭接完毕，再搭接另一侧引线。

危险点：
• 作业过程中人体与带电体之间的安全距离不足、遮蔽不严，导致触电。
• 作业过程中操作不当，工器具、材料掉落，伤及地面人员。
• 引线过长且摆动幅度过大，导致接地或短路。
• 线夹安装时紧固力不足，导致接头发热或运行过程中引线脱落。

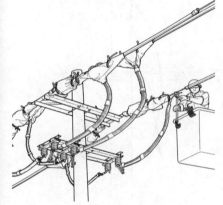

图2 固定搭接点的主导线及引线

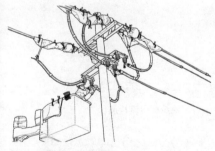

图3 更换柱上隔离开关

**拆除绝缘遮蔽（隔离）用具，人员撤离带电区域。**

## 2.14 绝缘手套作业法（绝缘斗臂车＋绝缘引流线法）带负荷更换柱上隔离开关

**设备装置**

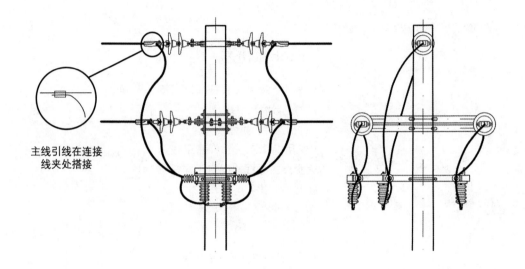

主线引线在连接
线夹处搭接

柱上隔离开关杆

**主要工器具**

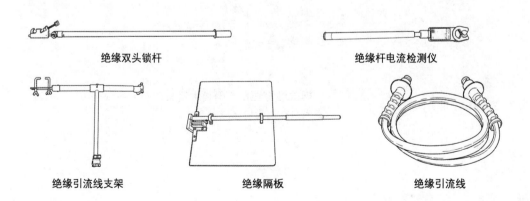

绝缘双头锁杆　　　　　　　　　　　绝缘杆电流检测仪

绝缘引流线支架　　　　　绝缘隔板　　　　　绝缘引流线

# 技能点

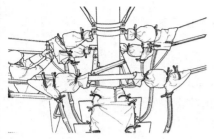

图1 安装绝缘引流线

**检测主导线电流。**

使用电流检测仪逐相检测主导线上的电流，绝缘引流线额定电流应大于线路最大负荷电流。

**进入带电作业区域，设置绝缘遮蔽（隔离）措施。**

对作业范围内的带电体和接地体进行绝缘遮蔽，在隔离开关相间安装绝缘隔板，在隔离开关支柱上安装绝缘挡板。

危险点：
• 作业过程中人体与带电体之间的安全距离不足、遮蔽不严，导致触电。
• 作业过程中操作不当，工器具、材料掉落，伤及地面人员。

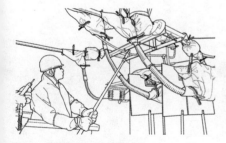

图2 检测绝缘引流线电流

**安装绝缘引流线（含支架安装）。**

• 确认三相隔离开关通流正常后，在耐张横担上方安装绝缘引流线支架。
• 使用导线剥皮器去除隔离开关两侧主导线绝缘引流线搭接点绝缘层。
• 斗内电工相互配合，使用绝缘引流线逐相分别短接三相隔离开关。
• 使用电流检测仪逐相检测绝缘引流线电流，确认分流正常（分流的负荷电流应不小于原线路负荷电流的1/3）。

危险点：
• 作业过程中人体与带电体之间的安全距离不足、遮蔽不严，导致触电。
• 作业过程中操作不当，工器具、材料掉落，伤及地面人员。
• 引线过长且摆动幅度过大，导致接地或短路。
• 未确认隔离开关通流正常就短接隔离开关，导致带负荷接引流线。

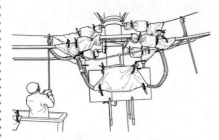

图 3　使用绝缘双头锁杆固定引线与主导线

**更换柱上隔离开关。**

・使用绝缘操作杆逐相拉开隔离开关。

・逐相断开隔离开关两侧引线与主导线的连接，并固定在本相引线上，及时恢复绝缘遮蔽。

・逐相更换隔离开关并试操作，及时恢复绝缘遮蔽、隔离。

・按照原拆原搭的原则，逐相恢复隔离开关两侧引线与主导线的搭接，及时恢复绝缘遮蔽。

・使用绝缘操作杆逐相合上隔离开关。

・使用电流检测仪逐相检测隔离开关引线电流，确认分流正常，及时恢复绝缘遮蔽。

・逐相拆除绝缘引流线及支架。

**拆除绝缘遮蔽（隔离）措施，退出带电作业区域。**

危险点：

・作业过程中人体与带电体之间的安全距离不足、遮蔽不严，导致触电。

・作业过程中操作不当，工器具、材料掉落，伤及地面人员。

・引线过长且摆动幅度过大，导致接地或短路。

## 2.15　绝缘手套作业法（绝缘检修架作业）带电更换熔断器

**设备装置**

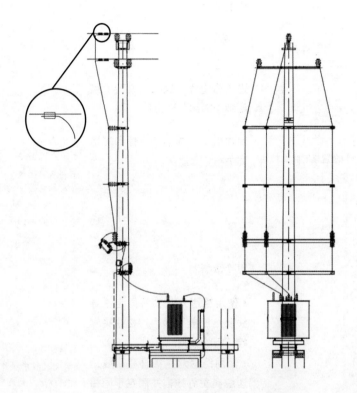

变台杆跌落式熔断器（绝缘导线，三角排列）

**主要工器具**

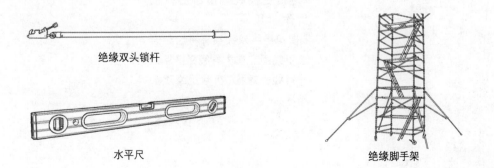

绝缘双头锁杆

水平尺

绝缘脚手架

## 技能点

（a）调平

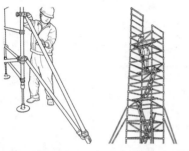

（b）支腿安装　（c）设置临时绝缘拉线

图1　搭设绝缘脚手架

图2　绝缘脚手架作业

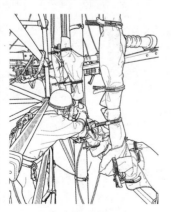

图3　更换跌落熔断器

**搭设绝缘脚手架。**

·使用绝缘脚手架配件，选择合适位置，搭设底座，并使用水平仪调整四边至水平位置。
·使用绝缘支腿对平台进行加固，平台高度超过8m时，应使用临时绝缘拉绳固定到地锚或桩基上。

危险点：
·作业过程中，绝缘脚手架构件掉落伤及地面人员。
·高处作业未使用安全带，造成高空坠落。
·搭设绝缘脚手架过程中与裸露带电体安全距离不足导致触电。
·绝缘脚手架因搭建不牢、支腿不稳或绝缘拉绳不牢固坍塌，导致人员高空坠落。

**进入带电作业区域，设置绝缘遮蔽（隔离）措施。**

对作业范围内的带电体和接地体进行绝缘遮蔽。

危险点：
·作业过程中人体与带电体之间的安全距离不足、遮蔽不严，导致触电。
·作业过程中操作不当，工器具、材料掉落，伤及地面人员。

**更换熔断器。**

·使用绝缘双头锁杆固定主导线及熔断器引线，拧松线夹螺栓，拆除线夹。
·使用绝缘双头锁杆将引线迅速脱离主导线，并固定于同相引线上。
·拆除熔断器下桩头引线连接。
注：三相引线拆除顺序按照先两边相，再中间相进行。
·逐相更换跌落熔断器并试操作。
·使用绝缘双头锁杆将熔断器上引线固定在主导线搭接点，拧紧线夹螺栓，拆除绝缘双头锁杆。
注：三相引线搭接顺序按照先中间相，后两边相进行。

危险点：
·作业过程中人体与带电体之间的安全距离不足、遮蔽不严，导致触电。
·作业过程中操作不当，工器具、材料掉落，伤及地面人员。
·引线过长且摆动幅度过大，导致接地或短路。
·线夹安装时紧固力不足，导致运行后发热或运行过程中引线掉落。

**拆除绝缘遮蔽（隔离）用具，人员撤离带电区域。**

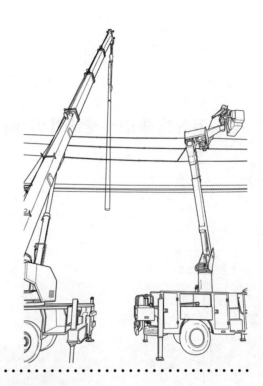

# 第 3 章

# 带电组立电杆

# 3.1 绝缘手套作业法（绝缘斗臂车作业）带电撤除直线电杆

**设备装置**

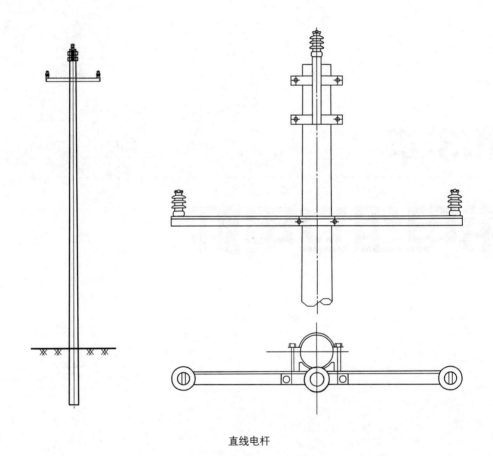

直线电杆

**主要工器具**

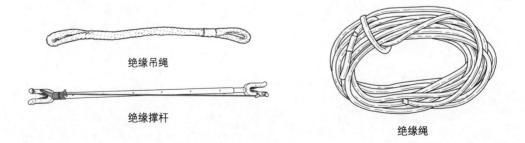

绝缘吊绳

绝缘撑杆

绝缘绳

# 技能点

**进入带电作业区域，设置绝缘遮蔽（隔离）措施。**

对作业范围内的带电体和接地体进行绝缘遮蔽。

危险点：
- 作业过程中人体与带电体之间的安全距离不足、遮蔽不严，导致触电。
- 作业过程中操作不当，工器具、材料掉落，伤及地面人员。

图1 绝缘遮蔽

**撤除直线电杆。**

- 拆除两边相绝缘子绑扎线，恢复绝缘遮蔽，利用小吊臂分别下落两边相导线至稳定位置，使用绝缘撑杆将两边相导线固定，恢复遮蔽。
- 拆除中相导线绑扎线，恢复绝缘遮蔽，利用绝缘绳将中相导线拉至线路侧方。
- 在电杆适当位置安装绝缘吊绳，使用吊车从线路上方垂直将电杆吊离。

危险点：
- 吊车起吊能力不足或绝缘吊绳拉力不足，导致翻车或倒杆。
- 导线下落时摆动幅度过大，导致设备短路或接地。
- 作业过程中人体与带电体之间的安全距离不足、遮蔽不严，导致触电。
- 作业过程中操作不当，工器具、材料掉落，伤及地面人员。

图2 绝缘撑杆固定边相导线

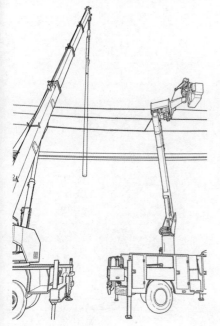

**拆除绝缘遮蔽（隔离）用具，人员撤离带电区域。**

图3 起吊电杆

## 3.2 绝缘手套作业法（绝缘斗臂车作业）带电组立直线杆

**设备装置**

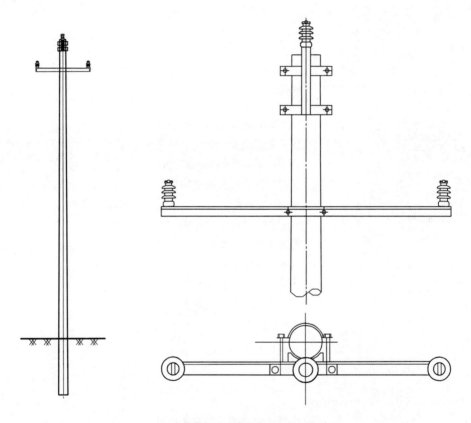

直线电杆（绝缘导线，三角形排列）

**主要工器具**

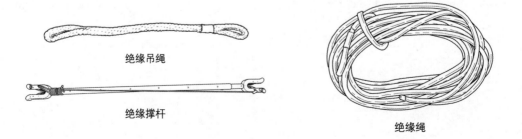

绝缘吊绳

绝缘撑杆

绝缘绳

# 技能点

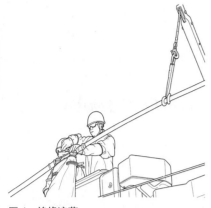

图1 绝缘遮蔽

**进入带电作业区域，设置绝缘遮蔽（隔离）措施。**

• 对作业范围内的带电体和接地体进行绝缘遮蔽。

• 地面人员对新立电杆进行绝缘遮蔽。

危险点：

• 作业过程中人体与带电体之间的安全距离不足、遮蔽不严，导致触电。

• 作业过程中操作不当，工器具、材料掉落，伤及地面人员。

图2 绝缘撑杆固定边相导线

**组立直线电杆。**

• 使用绝缘撑杆将两边相导线固定，并进行绝缘遮蔽。

• 利用绝缘绳将中相导线拉至线路侧方。

• 在电杆适当位置安装绝缘吊绳，使用吊车从线路上方垂直将电杆落下，立杆并夯实电杆基础。

• 在新立电杆上安装横担和绝缘子，并进行绝缘遮蔽。

• 将中相导线落在绝缘子槽内并使用绑扎线绑扎牢固。

• 拆除两边相导线绝缘撑杆，使用小吊臂分别将两边相导线落在绝缘子槽内，并使用绑扎线绑扎牢固。

危险点：

• 吊车起吊能力不足或绝缘吊绳拉力不足，导致翻车或倒杆。

• 导线下落时摆动幅度过大，导致设备短路或接地。

• 作业过程中人体与带电体之间的安全距离不足、遮蔽不严，导致触电。

• 作业过程中操作不当，工器具、材料掉落，伤及地面人员。

图3 起吊电杆

**拆除绝缘遮蔽（隔离）用具，人员撤离带电区域。**

## 3.3　绝缘手套作业法（绝缘斗臂车作业）带电更换直线电杆

**设备装置**

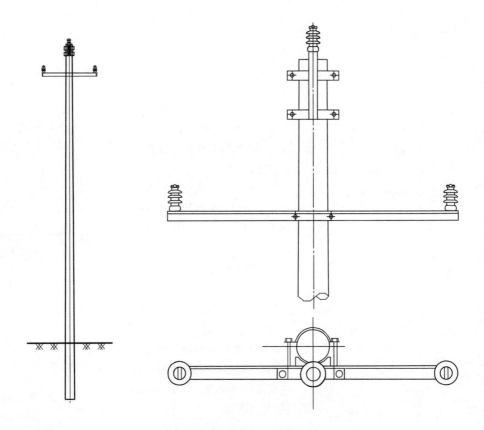

直线杆（绝缘导线，三角形排列）

**主要工器具**

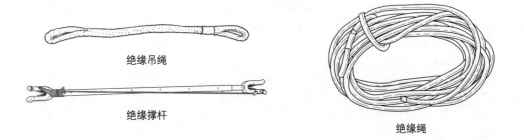

绝缘吊绳

绝缘撑杆

绝缘绳

# 技能点

图1　绝缘遮蔽

**进入带电作业区域，设置绝缘遮蔽（隔离）措施。**

· 对作业范围内的带电体和接地体进行绝缘遮蔽。
· 地面人员对新立电杆进行绝缘遮蔽。

危险点：
· 作业过程中人体与带电体之间的安全距离不足、遮蔽不严，导致触电。
· 作业过程中操作不当，工器具、材料掉落，伤及地面人员。

**撤除直线电杆。**

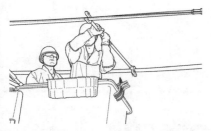

图2　绝缘撑杆固定边相导线

· 拆除两边相绝缘子绑扎线，恢复绝缘遮蔽，利用小吊臂分别下落两边相导线至稳定位置，使用绝缘撑杆将两边相导线固定，恢复遮蔽。
· 拆除中相导线绑扎线，恢复绝缘遮蔽，利用绝缘绳将中相导线拉至线路侧方。
· 在电杆适当位置安装绝缘吊绳，使用吊车从线路上方垂直将电杆吊离。

危险点：
· 吊车起吊能力不足或绝缘吊绳拉力不足，导致翻车或倒杆。
· 导线下落时摆动幅度过大，导致设备短路或接地。
· 作业过程中人体与带电体之间的安全距离不足、遮蔽不严，导致触电。
· 作业过程中操作不当，工器具、材料掉落，伤及地面人员。

**组立直线电杆。**

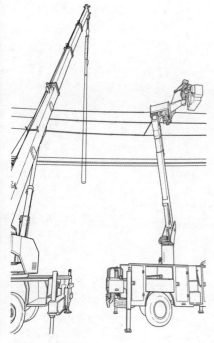

图3　起吊电杆

· 在电杆适当位置安装绝缘吊绳，使用吊车从线路上方垂直将电杆落下，立杆并夯实电杆基础。
· 在新立电杆上安装横担和绝缘子，并恢复绝缘遮蔽。
· 将中相导线落在绝缘子槽内并使用绑扎线绑扎牢固。
· 拆除两边相导线绝缘撑杆，使用小吊臂分别将两边相导线落在绝缘子槽内并使用绑扎线绑扎牢固。

危险点：
· 吊车起吊能力不足或绝缘吊绳拉力不足，导致翻车或倒杆。
· 导线下落时摆动幅度过大，导致设备短路或接地。
· 作业过程中人体与带电体之间的安全距离不足、遮蔽不严，导致触电。
· 作业过程中操作不当，工器具、材料掉落，伤及地面人员。

**拆除绝缘遮蔽（隔离）用具，人员撤离带电区域。**

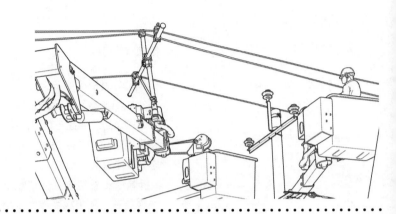

# 第4章

# 带电直线杆改耐张（开关）杆

# 4.1 绝缘手套作业法（绝缘斗臂车作业）带电直线杆改耐张杆

**设备装置**

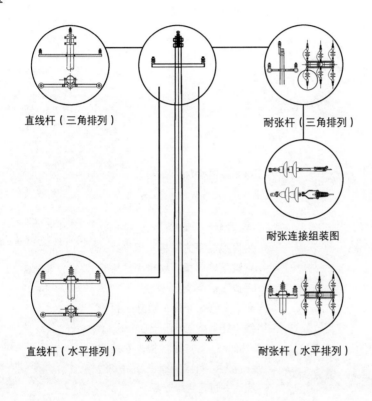

直线杆（三角排列）

耐张杆（三角排列）

耐张连接组装图

直线杆（水平排列）

耐张杆（水平排列）

直线杆改耐张杆

**主要工器具**

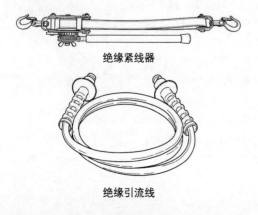

绝缘紧线器

绝缘引流线

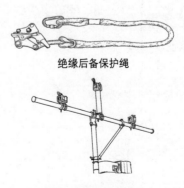

绝缘后备保护绳

绝缘斗臂车用绝缘横担

## 技能点

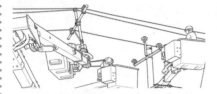

图1 使用绝缘横担支撑导线

使用电流检测仪逐相检测主导线上电流，绝缘引流线额定电流应大于线路最大负荷电流。

**进入带电作业区域，设置绝缘遮蔽（隔离）措施。**

对作业范围内所有带电体和接地体进行绝缘遮蔽。

危险点：
- 作业过程中人体与带电体之间的安全距离不足、遮蔽不严，导致触电。
- 作业过程中操作不当，工器具、材料掉落，伤及地面人员。

图2 安装绝缘引流线

**直线横担改为耐张横担。**

- 在斗臂车上安装绝缘横担，操作绝缘斗臂车，从电杆一侧主导线的下方，将三相导线分别置于绝缘横担线槽内，拆除杆上三相绝缘子绑扎线。
- 操作绝缘斗臂车提升三相导线，托举高度不小于0.4m。
- 拆除杆上直线横担，安装耐张横担、耐张绝缘子及耐张线夹，并进行绝缘遮蔽。

危险点：
- 作业过程中人体与带电体之间的安全距离不足或遮蔽不严，导致触电。
- 作业点两侧电杆上绝缘子与导线绑扎线不牢，作业过程中导线脱落。
- 作业过程中操作不当，工器具、材料掉落，伤及地面人员。

**安装绝缘引流线，开断导线。**

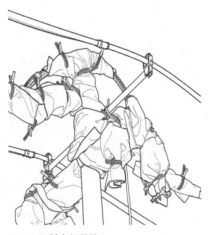

图3 开断中相导线

- 操作绝缘斗臂车缓慢下落三相导线，将中相导线使用另一辆斗臂车小吊臂吊起，将两边相导线分别置于耐张横担上并可靠固定。
- 在耐张横担两侧分别安装绝缘紧线器及后备保护绳，操作绝缘斗臂车小吊下落中相导线，在耐张横担两侧，分别使用绝缘紧线器将导线收紧，同时收紧后备保护绳。

危险点：
- 开断导线时操作失误且未设置后备保护，导线滑脱。
- 作业过程中人体与带电体之间的安全距离不足或遮蔽不严，导致触电。
- 绝缘引流线未可靠搭接，搭接点发热。
- 耐张引线过长且摆动幅度过大，导致接地或短路。

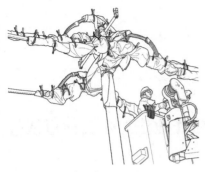

图 4 完成直线杆改耐张杆

· 剥除电杆两侧远端中相导线搭接点绝缘层，清除氧化层，分别搭接中相绝缘引流线两端线夹。

· 使用电流检测仪检测绝缘引流线分流，确认通流正常（分流的负荷电流应不小于原线路负荷电流的 1/3）。

· 开断中相导线，分别与中相两侧耐张线夹连接牢固。

· 使用接续线夹，搭接中相耐张引线并恢复绝缘遮蔽。

· 使用电流检测仪检测中相耐张引线分流，确认通流正常。

注：开断三相导线按照先中相，后两边相的顺序进行。

**拆除绝缘遮蔽（隔离）用具，人员撤离带电区域。**

## 4.2 绝缘手套作业法（绝缘斗臂车＋旁路作业法）带负荷直线杆改耐张杆并加装柱上负荷开关

**设备装置**

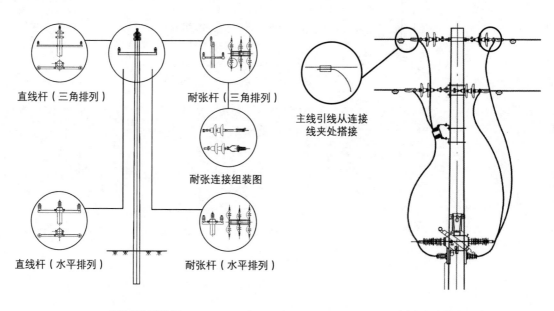

直线杆（三角排列）　　耐张杆（三角排列）

耐张连接组装图

直线杆（水平排列）　　耐张杆（水平排列）

直线杆改耐张杆

主线引线从连接线夹处搭接

耐张杆加装柱上开关

**主要工器具**

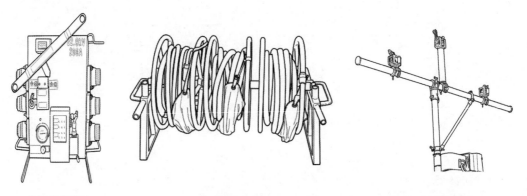

旁路负荷开关　　　　旁路引下电缆　　　绝缘斗臂车用绝缘横担

# 技能点

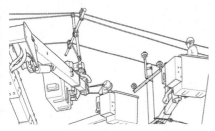

图1　使用绝缘横担支撑导线

使用电流检测仪逐相检测主导线上电流，线路负荷电流不得大于200A。

进入带电作业区域，设置绝缘遮蔽（隔离）措施。

对作业范围内所有带电体和接地体进行绝缘遮蔽。

危险点：
• 作业过程中人体与带电体之间的安全距离不足或遮蔽不严，导致触电。
• 作业过程中操作不当，工器具、材料掉落，伤及地面人员。

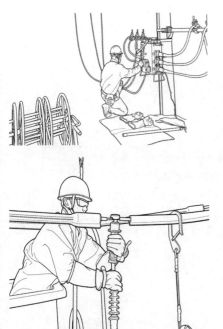

图2　安装旁路负荷开关、旁路高压引下电缆

直线横担改为耐张横担。

• 在斗臂车上安装绝缘横担，操作绝缘斗臂车，从电杆一侧主导线的下方，将三相导线分别置于绝缘横担线槽内，拆除杆上三相绝缘子绑扎线。
• 操作绝缘斗臂车提升三相导线，托举高度不小于0.4m。
• 拆除杆上直线横担，安装耐张横担、耐张绝缘子及耐张线夹，并进行绝缘遮蔽。

危险点：
• 作业点两侧电杆上绝缘子与导线绑扎线不牢，作业过程中导线脱落。
• 作业过程中操作不当，工器具、材料掉落，伤及地面人员。

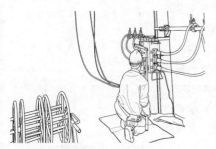

图3　合上旁路负荷开关

安装旁路负荷开关、旁路引下电缆和余缆支架。

• 在电杆合适位置安装旁路负荷开关和余缆支架，确认旁路负荷开关处于"分"闸状态，开关外壳可靠接地。
• 将旁路引下电缆按其相色标记（黄、绿、红）与旁路负荷开关可靠连接，多余的旁路引下电缆挂在余缆支架上，系好起吊绳和防坠绳。
• 检查确认旁路负荷开关两侧的旁路引下电缆相位色及接续正确。

危险点：
• 旁路电缆充电后未充分放电，造成电击。
• 相位连接错误，导致相间短路。
• 旁路引下电缆接续不牢，导致运行中脱落。

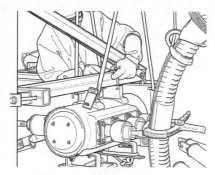

图4 安装柱上开关

· 用绝缘操作杆合上旁路负荷开关，进行绝缘检测，绝缘电阻应不小于500MΩ，检测后用放电棒进行充分放电。

· 拉开旁路负荷开关。

· 按照先中间相、后两边相的顺序依次将旁路引下电缆按照相色标记与电杆两侧远端主导线连接，并挂好防坠绳，如导线为绝缘导线，应先剥除导线的绝缘层，再清除连接处导线上的氧化层。

**合上旁路负荷开关，旁路回路投入运行（投役）。**

· 在旁路开关上核对相位正确。

· 使用绝缘操作杆合上旁路负荷开关，旁路回路投入运行（投役），并闭锁旁路负荷开关分闸机构。

· 用电流检测仪逐相检测三相旁路电缆分流正常（分流电流不小于原线路负荷电流的1/3）。

危险点：
旁路负荷开关分闸机构未可靠闭锁，作业过程中意外分闸。

**开断三相导线。**

· 操作绝缘斗臂车缓慢下落三相导线，将中相导线使用另一辆斗臂车小吊吊起，将两边相导线分别置于耐张横担上并可靠固定。

· 在耐张横担两侧分别安装绝缘紧线器及后备保护绳，操作绝缘斗臂车小吊下落中相导线，在耐张横担两侧，分别使用绝缘紧线器将导线收紧，同时收紧后备保护绳。

· 开断导线，分别与两侧耐张线夹连接牢固并恢复绝缘遮蔽。

注：开断三相导线按照先中相，后两边相的顺序进行。

危险点：
· 开断导线时操作失误且未设置后备保护，导线滑脱。

· 作业过程中人体与带电体之间的安全距离不足或遮蔽不严，导致触电。

· 绝缘引流线未可靠搭接，搭接点发热。

· 耐张引线过长且摆动幅度过大，导致接地或短路。

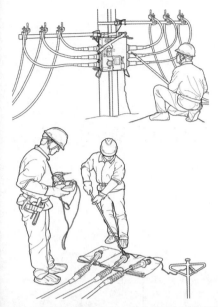

图5　断开旁路负荷开关，将旁路设备退出运行

**安装柱上开关、两侧引线与主导线连接。**

· 起吊柱上开关和支架，安装柱上开关并试操作。

· 确认柱上开关在分闸位置。

· 将柱上开关两侧引线分别与主导线进行搭接，搭接的顺序是先中间相、再两边相。

· 合上柱上开关使其投入运行，使用电流检测仪逐相测量开关引线电流，确认通流正常。

危险点：

· 开关吊装前未检查确认吊装用具，造成开关掉落。

· 作业过程中人体与带电体之间的安全距离不足或遮蔽不严，导致触电。

· 引线过长且摆动幅度过大，导致接地或短路。

**旁路回路退出运行（退役）。**

· 用绝缘操作杆拉开旁路负荷开关，将旁路回路退出运行（退役），并闭锁旁路负荷开关合闸机构。

· 拆除电杆两侧导线上的旁路引下电缆，拆除的顺序是先两边相、再中间相。

· 对退运的旁路电缆充分放电。

危险点：

断开高压旁路引下电缆未充分放电，造成触电。

**拆除绝缘遮蔽（隔离）用具，回收旁路设备，人员撤离带电区域。**

## 4.3 绝缘手套作业法（绝缘斗臂车＋绝缘引流线法）带负荷直线杆改耐张杆并加装柱上隔离开关

**设备装置**

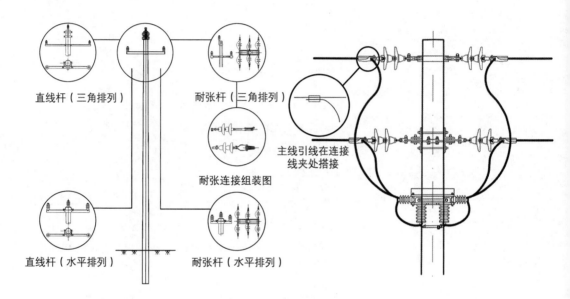

直线杆改耐张杆　　　　　　　　　耐张杆加装隔离开关

**主要工器具**

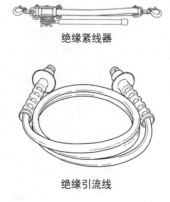

绝缘紧线器　　　　　　　　　　　绝缘后备保护绳

绝缘引流线　　　　　　　　　　　绝缘斗臂车用绝缘横担

# 技能点

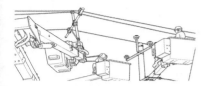

图 1　使用绝缘横担支撑导线

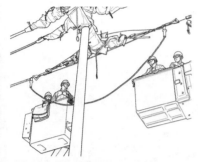

图 2　安装绝缘引流线

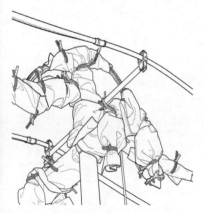

图 3　开断中相导线

**用电流检测仪测量架空线路负荷电流。**

使用电流检测仪逐相检测主导线上的电流，绝缘引流线额定电流应大于线路最大负荷电流。

**进入带电作业区域，设置绝缘遮蔽（隔离）措施。**

对作业范围内所有带电体和接地体进行绝缘遮蔽。

危险点：
• 作业过程中人体与带电体之间的安全距离不足、遮蔽不严，导致触电。
• 作业过程中操作不当，工器具、材料掉落，伤及地面人员。

**直线横担改为耐张横担。**

• 在斗臂车上安装绝缘横担，操作绝缘斗臂车，从电杆一侧主导线的下方，将三相导线分别置于绝缘横担线槽内，拆除杆上三相绝缘子绑扎线。
• 操作绝缘斗臂车提升三相导线，托举高度不小于 0.4m。
• 拆除杆上直线横担，安装耐张横担、耐张绝缘子及耐张线夹，并进行绝缘遮蔽。

危险点：
• 作业过程中人体与带电体之间的安全距离不足或遮蔽不严，导致触电。
• 作业点两侧电杆上绝缘子与导线绑扎线不牢，作业过程中导线脱落。
• 作业过程中操作不当，工器具、材料掉落，伤及地面人员。

**安装绝缘引流线，开断导线。**

• 操作绝缘斗臂车缓慢下落三相导线，将中相导线使用另一辆斗臂车小吊吊起，将两边相导线分别置于耐张横担上并可靠固定。
• 在耐张横担两侧分别安装绝缘紧线器及后备保护绳，操作绝缘斗臂车小吊下落中相导线，在耐张横担两侧，分别使用绝缘紧线器将导线收紧，同时收紧后备保护绳。
• 剥除电杆两侧远端中相导线搭接点绝缘层，清除氧化层，分别搭接中相绝缘引流线两端线夹。

危险点：
• 开断导线时操作失误且未设置后备保护，导线滑脱。
• 作业过程中人体与带电体之间的安全距离不足或遮蔽不严，导致触电。
• 绝缘引流线未可靠搭接，搭接点发热。
• 耐张引线过长且摆动幅度过大，导致接地或短路。

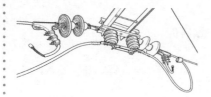

图 4 完成直线改耐张加装柱上隔离开关

• 使用电流检测仪检测绝缘引流线分流，确认通流正常（分流的负荷电流应不小于原线路负荷电流的 1/3）。

• 开断中相导线，分别与中相分别与两侧耐张线夹连接牢固并恢复绝缘遮蔽。

注：开断三相导线按照先中相，后两边相的顺序进行。

**加装柱上隔离开关。**

• 安装隔离开关支架横担及隔离开关，并试操作。

• 确认隔离开关在断开位置，将隔离开关两侧引线分别与主导线进行搭接，搭接的顺序是先中间相、再两边相。

• 使用绝缘操作杆逐相合上隔离开关。

• 使用电流检测仪逐相检测隔离开关引线电流，确认通流正常，及时恢复绝缘遮蔽。

• 逐相拆除绝缘引流线。

**拆除绝缘遮蔽（隔离）用具，人员撤离带电区域。**

危险点：

• 隔离开关及支架吊装前未检查确认吊装用具，高空落物、砸伤地面人员。

• 作业过程中人体与带电体之间的安全距离不足或遮蔽不严，导致触电。

• 引线过长且摆动幅度过大，导致接地或短路。